T0233292

Die Wege von Staub

Christian Rüger

Die Wege von Staub

Im Umfeld des Menschen

 Springer Spektrum

Christian Rüger
Leverkusen,
Deutschland

ISBN 978-3-662-47840-0   ISBN 978-3-662-47841-7 (eBook)
DOI 10.1007/978-3-662-47841-7

Die Deutsche Nationalbibliothek verzeichnet diese Publikation in der Deutschen Nationalbibliografie;
detaillierte bibliografische Daten sind im Internet über http://dnb.d-nb.de abrufbar.

Springer Spektrum

Planung: Merlet Behncke-Braunbeck

Gedruckt auf säurefreiem und chlorfrei gebleichtem Papier

Springer-Verlag GmbH Berlin Heidelberg ist Teil der Fachverlagsgruppe Springer Science+Business Media
(www.springer.com)

Vorwort

Anhaltender Husten meiner heranwachsenden Tochter führte mich zu der Frage, ob mangelnde Staubbeseitigung als Ursache für die Beschwerden infrage käme. Selbst Ingenieur, begannen meine Gedanken um den Staub zu kreisen, besonders in Hinblick auf die gesundheitlichen Auswirkungen. Es zeigte sich, dass bei Behandlung der Themen Gesundheit und Staub allein viele Fragen offen blieben. Erst die Erweiterung um das Kapitel Luft lieferte die notwendige Klammer für den Stoff; wegen seiner zentralen Rolle ist dieses Kapitel vorangestellt.

Vorbilder hat das Buch nicht, es ist vielmehr das Ergebnis einer Entwicklung längs des Pfades Staub und Gesundheit. Die Natur hat selbst für die Lungenhygiene Vorsorge getroffen, indem sie Einrichtungen zur Entfernung von Staub aus der Lunge geschaffen hat. Ohne unser Zutun verfügt sie dort über wirksame Strategien zur Aufrechterhaltung hygienischer Verhältnisse. In seinem Umfeld muss sich der Mensch dagegen selbst mit dem Staub auseinandersetzen.

Der fortlaufende Text kommt ohne Formeln aus. Zur präzisen Beschreibung der Bewegungsgesetze der Luft sind natürlich einige Formeln unverzichtbar. Sie werden zusammengefasst in Formelboxen wiedergegeben.

Mein Dank an dieser Stelle gilt meiner Tochter Adele, inzwischen Neurologin, für fachliche und praktische Anregungen. Ärzte und Ingenieure sind gut vernetzt, wie schon Anne I. Hardy in ihrem Buch *Ärzte, Ingenieure und städtische Gesundheit* gezeigt hat. Für die Gestaltung der Grafiken und Tabellen danke ich Jürgen Achatz und Ruddie Kind.

Leverkusen, im Oktober 2015   Christian Rüger

Inhalt

Zeichenerklärung

b	Linearbeschleunigung, Kreisbeschleunigung (Zentrifugalbeschleunigung)
c	Konzentration von Fremdstoff oder Partikeln in der Luft
d	Charakterisierende Abmessung, z. B. Durchmesser
D	Diffusionskoeffizient
F	Kraft
F_G	Gewichtskraft
F_H	Haftkraft
g	Erdbeschleunigung
g	Gramm, Einheit der Masse, 1 g = 10^3 mg; 10^6 µg; 10^9 ng
J	Joule, Einheit der Energie
J	Partikelstrom
m	Einheit der Länge, 1 m = 10^3 mm; 10^6 µm; 10^9 nm
mg	Milligramm
N	Newton, Einheit der Kraft
ng	Nanogramm
nm	Nanometer
p_{ges}	Gesamtdruck (Summe aller Energiebestandteile eines Luftvolumens)
Pa	Pascal, Einheit des Druckes
Re	Reynolds-Kennzahl, charakterisiert das Bild der Umströmung
$PM_{0,1}$	Particle Matter 0,1; Masse aller Partikel < 0,1 µm
$PM_{2,5}$	Masse aller Partikel < 2,5 µm
PM_4	Masse aller Partikel < 4 µm, Arbeitsschutz: Alveolengängiger A-Staub
PM_{10}	Masse aller Partikel < 10 µm, häufigster Feinstaub-Grenzwert im Umweltschutz
T	Absolute Temperatur
u	Luftgeschwindigkeit
v	Geschwindigkeit
x	Weglänge
z	Höhe

Griechische Buchstaben

Δ	Differenz
ρ	Dichte der Luft
ρ_G, ρ_S	Dichte von Gas und Feststoff
μg	Mikrogramm
μm	Mikrometer
υ	Kinematische Viskosität

1

Das Fluid Luft

1.1 Komponenten der Luft

1.1.1 Reine Luft

1.1.1.1 Bestandteile reiner Luft

Wer die Wege des Staubes verstehen will, der sollte sich dessen innigsten Partner, die Luft, ansehen. Luft ist immer in Bewegung, nimmt Staub auf, trägt ihn als Schwebstaub fort und entlässt ihn wieder auf leicht oder schwer zugänglichen Oberflächen. Physikalisch gehört Luft zu den Fluiden wie Wasser. Der Luft wohnt eine Energie inne, mit deren Hilfe sie in neue Räume einfließt. Denken Sie an das Lüften der Wohnung oder das Ein- und Ausatmen. Das Fluid Luft mit seinen Eigenschaft soll uns beschäftigen.

Die Luft selbst ist kein reiner Stoff, sondern ein Gemisch. Stickstoff stellt mit 78 % den größten Anteil, gefolgt von Sauerstoff mit knapp 21 %. Aus dem Verbrauch von Sauerstoff ziehen wir die Energie für alle Stoffwechselprozesse. Wir können das Sonnenlicht nicht wie die Pflanzen zur Energiegewinnung nutzen. Luft ist deshalb unser wichtigstes Lebensmittel. Ständige Begleiter der Luft sind Edelgase mit 1 % und Kohlendioxid mit knapp 0,04 %. Vor 100 Jahren lag sein Gehalt noch bei 0,03 %. Seitdem steigt er unaufhaltsam – bedrohlich – weiter an. Sauerstoff siedet bei – 183 °C. Er gilt als ideales Gas, weil er bei Umgebungstemperatur etwa 200 °C über seinem Siedepunkt liegt. Ideale Gase kondensieren nicht, wenn sie unter Druck gesetzt werden, wie etwa die verdichtete Luft im Autoreifen. Aus dem Wetterbericht wissen Sie, dass die Luft auf Meereshöhe unter einem mittleren Druck von 1013 hPa steht. Die einzelnen Komponenten der Luft tragen mit ihrem Volumenanteil zum Gesamtdruck der Luft bei. Der Volumenanteil entspricht dem Druckanteil. So steuern die 21 Vol.-% Sauerstoff der Luft den Teildruck 217 hPa zum Gesamtdruck von 1013 hPa bei.

1.1.1.2 Haftvermögen der Luftmoleküle

Obwohl Luft als komplett gasförmig anzusehen ist, hindert es die Gasmoleküle nicht daran, sich auf Oberflächen, auch auf Staub, in dünner Schicht festzusetzen. In Sonderfällen hat der Effekt praktische Bedeutung, was auch mit Gefahren verbunden sein kann, wie z. B. der Umgang mit reinem Sauerstoff. Oberflächen binden dabei im Übermaß Sauerstoff bis zu etwa drei Schichten übereinander. Sind die eigenen Kleider betroffen, können sie nach einer eventuellen Zündung explosionsartig abbrennen. Bei der Erzeugung von Vakuum in technischen Anlagen verzögert die Abgabe adsorbierter Luft das Erreichen des gewünschten Unterdrucks. Die Luftschicht wird durch „Ausheizen" von den Oberflächen entfernt.

1.1.2 Dämpfe

1.1.2.1 Eigendruck von Flüssigkeiten

Von einer Flüssigkeitsoberfläche heben stets Moleküle ab, schweben als Gas über der Flüssigkeit und kondensieren wieder. Im Gleichgewicht halten sich Abheben (Verdampfen) und Kondensieren die Waage. Die Energieform, mit der eine Flüssigkeit Moleküle aus ihrem Verband in den Gasraum schickt, nennt man Dampfdruck. Er ist eine charakterisierende Eigenschaft von Flüssigkeiten. Jede Flüssigkeit zeigt einen charakteristischen Dampfdruck, der mit der Temperatur zunehmend, d. h. progressiv, ansteigt, bis die Siedetemperatur erreicht ist. In diesem Zustand erreicht der Dampfdruck den Umgebungsdruck. Er verdrängt die Luft und nimmt ihren Platz ein. Viele Flüssigkeiten erreichen die Siedetemperatur nicht, weil sie sich vorher zersetzen. Die von einer Flüssigkeit aufsteigenden Dämpfe sind thermodynamisch gesehen noch kein ideales Gas, denn bei geringer Abkühlung kondensiert Wasserdampf unter Taubildung aus.

Der Dampfdruck einer Flüssigkeit ist ein Maß für deren Flüchtigkeit. Alle flüssigen, meist organischen Stoffe wie Nagellack, Putzmittel, Benzin oder Diesel geben Teile ihrer flüssigen Substanz gasförmig ab. Auch über manchen Feststoffen gibt es merklichen Dampfdruck wie über Eis, CO_2- Trockeneis oder Mottenkugeln. Wenn Flüssigkeiten in Feststoffe eingearbeitet sind, können sie sich langsam aus dem Verband lösen und in die Luft entweichen wie Weichmacher aus Plastikmaterial oder Formaldehyd aus Möbeln. Eine Auswahl der in die Luft drängenden Stoffe zeigt Tab. 1.1.

Tab. 1.1 Luftbestandteile und ihre Siedepunkte

Luft	78 %	Stickstoff	−196 °C
	0,9 %	Edelgas Argon	−186 °C
	21 %	Sauerstoff	−183 °C
	0,04 %	Kohlendioxid	−57 °C
Reiz- und Schadgase in der Luft		Stickstoffmonoxid, NO^a	−152 °C
		Ammoniak, NH_3	−33 °C
		Formaldehyd	−19 °C
		Schwefeldioxid, SO_2	−10 °C
Flüssigkeiten als Gasquelle		Stickstoffdioxid, NO_2[a]	21 °C
		Methanol	65 °C
		Wasser	100 °C
		Textilpflegemittel „P" (Tetrachlorethan)	121 °C
Feststoffe als Gasquelle		Butterfett (Rauchpunkt)	200 °C
		Mottenkugeln (Naphthalin)	218 °C
		Benzo(a)pyren (Teer)	495 °C

[a] Bestandteil von NO_x

1.1.2.2 Wasserdampf

Wasser ist wegen seiner grenzenlosen Verfügbarkeit der wichtigste dampf-förmige Bestandteil der Luft. Der Dampfdruck des Wassers schickt gewaltige Mengen Wasserdampf aus dem Meer in die Luft. Dabei verzögert die Luft das Vordringen des Dampfes in die Luft, ein Vorgang, der unter dem Namen Verdunstung geläufig ist. Der Vorgang läuft langsam ab, im Gegensatz zum Sieden, bei dem Luft einfach verdrängt wird. Die Luft über einer Wasser-fläche kann höchstens so viel Wasserdampf aufnehmen wie dem Dampfdruck über dem Wasser entspricht. In diesem Zustand ist die Luft mit Wasserdampf gesättigt. Bei 20 °C kann die Luft so maximal 2,3 Vol.-% Wasserdampf auf-nehmen. In der Dampfsauna bei 50 °C steigt der Feuchtigkeitsgehalt auf maximal 12,2 Vol.-%. Das Atmen fällt schwerer, denn der Wasserdampf ver-drängt einen Teil der Luft und auch der Sauerstoffanteil sinkt entsprechend ab. Bei der geringsten Abkühlung des gesättigten Dampf-Luft-Gemisches kondensiert Wasserdampf als Nebel aus. Der Sättigungspunkt kippt zum Tau-punkt. Beim Kochen ziehen Wrasen, Brodem bzw. Brüden durch die Küche; sie alle sind das Ergebnis von Taupunktepisoden. In der Natur begegnen wir dem Phänomen in Form von Morgentau, Nebelschwaden oder Eisblumen.

Öle und Fette erzeugen nur geringen Dampfdruck und sind deshalb wenig flüchtig. Beim Kochen sorgt der Effekt der Wasserdampfdestillation für den verstärkten Übergang in die Luft. Ein kochendes Gericht gibt Wasserdampf ab und durch ihren innigen Kontakt steuern Öl und Fett entsprechend ihrer Dampfdrücke bei 100 °C ihren Anteil zum ölhaltigen Wasserdampf bei. Der entstehende Wasserdampf sättigt sich fortwährend mit Öl und Fett und transportiert seine Ladung in die Umgebungsluft. Neben der Kochstelle kühlt das ölbeladene feuchte Luftgemisch ab und setzt fetthaltige Nebel frei.

Für Innenräume wird für die Luft ein Sättigungsgrad mit Wasserdampf von maximal 65 % vorgeschrieben. Bei einer Raumtemperatur von 23 °C entspricht das einem Wassergehalt von 13,8 g/m^3. Raumluftfeuchten unter 30 % sollten vermieden werden; einmal trocknen die Bronchien aus und zusätzlich nimmt der Staubgehalt der Luft zu, beides fördert Erkältungskrankheiten. Die Schaffung eines angenehmen Raumklimas ist Aufgabe der Klimatechnik (Baumgarth et al. 2011; Hörner und Schmidt 2014).

1.1.2.3 Haftvermögen

Wasser nimmt wegen seines hohen Lösungsvermögens eine verstärkende Funktion ein. Ein Staubkorn sammelt auf seinem Weg durch die Luft alle ihm begegnenden Dampfmoleküle ein. Das Staubkorn wird so zur „Apotheke" mit breitem Angebot ungezählter Chemikalien.

1.1.3 Partikel

Staub, der sich über längere Zeit in der Luft halten kann, rechnen wir zum Schwebstaub. Die Frage, welche Staubkörnchen dazu gehören, beantwortet ein Blick auf eine Sanddüne. Zu den Eigenschaften einer Sanddüne gehört ihre Staubfreiheit. Stetiger Wind lagert die Sandkörner einer Düne fortwährend um. Dabei bewegen sich die Partikel ein bis zwei Meter hoch springend von der Luvseite der Düne über ihren Kamm hinweg zur Leeseite. Bei einem moderaten Sandsturm ragen idealerweise die Köpfe von Wanderern und ihren Kamelen aus dem Meer fliegender Sandkörner heraus. Die bei der Sandbewegung entstehenden kleineren Bruchstücke werden vom Wind erfasst und in die Atmosphäre ausgetragen. Der abgelagerte Sand bleibt staubfrei. Gebietsweise unterscheiden sich die Dünen in der mittleren Korngröße. Der feinste Wüstensand weist mittlere Korndurchmesser von 80 μm auf. Damit gibt die Natur die obere Grenze des Schwebstaubes vor, sie ist fließend. Für die freie Natur wird sie bei 60 μm gesehen, in Innenräumen mit geringen Luftgeschwindigkeiten bei etwa 20 μm. Die Korngröße des beim Ferntransport über tausende Kilometer verfrachteten Staubes bleibt meist unter 20 μm, in der Regel zwischen 5 und 10 μm. Bagnold (1941) hat das Flugverhalten von Sand beim Aufbau von Sanddünen beschrieben.

Die Kleinheit des Staubes erfordert – zweckmäßigerweise – auch kleine Maßeinheiten. 1 µm (Mikrometer) ist der millionste Teil eines Meters. Für den Staubgehalt der Luft bedeutet 1 µg (Mikrogramm)/m³ (Kubikmeter) ein Millionstel Gramm je m³ Luft. Noch kleinere Teilchen werden in nm (Nanometer) gemessen. Gasmoleküle sind knapp 1 nm groß.

Sobald sich Flüssigkeitströpfchen unter den Schwebstaub mischen, spricht man von einem Aerosol. Aerosolpartikel flüssigen Ursprungs sind normalerweise in Kugelform unterwegs. Das Flugverhalten aller Partikel wird wesentlich von ihrer Masse bestimmt, in guter Annäherung also von ihrer Größe und weniger von den Aggregatzuständen fest bzw. flüssig oder von der chemischen Zusammensetzung. Schwebstaub umfasst den riesigen Größenbereich von fast fünf Zehnerpotenzen, angefangen bei 1 nm großen gasähnlichen Molekülzusammenballungen, Cluster genannt, bis zu 60 µm großen Partikeln, die schnell zu Boden sinken. Ein systematischer Überblick über den gesamten Größenbereich gelingt mit der Darstellung der Verweilzeiten aller Partikel nach ihrer Größe Friedlander (2000, S. 367). Beispielhaft zeigt Abb. 1.1 die Verweildauer aller Partikel in der Atmosphäre. Die Verweilzeiten wurden in großer Höhe gemessen und basieren auf einer Staubbeladung von $1,5 \times 10^{10}$ Partikeln pro m³ Luft, was einer Durchschnittsbeladung entspricht. Im ländlichen Raum ist die Luft mit 10^8 Partikeln pro m³ sauberer, in Bal-

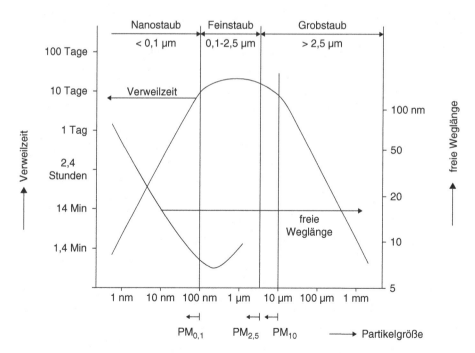

Abb. 1.1 Verweilzeit von Aerosol in der Atmosphäre. (Modifiziert nach Friedlander 2000, Abb. 13.4)

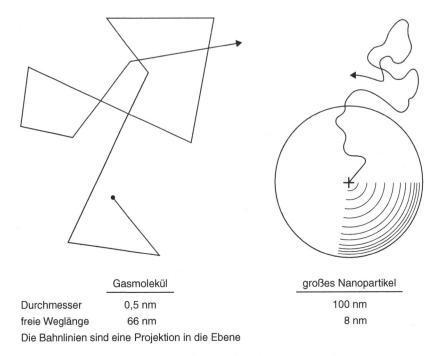

	Gasmolekül	großes Nanopartikel
Durchmesser	0,5 nm	100 nm
freie Weglänge	66 nm	8 nm

Die Bahnlinien sind eine Projektion in die Ebene

Abb. 1.2 Bewegung von Gasmolekülen und Nanopartikeln. (Nach Hinds 1999)

lungsgebieten werden bis zu 10^{12} Partikel pro m³ gezählt (Friedlander 2000, S. 362).

Die Verweilzeitkurve gleicht einer Pyramide mit abgerundeter Haube. Die Kurve zeigt ein relativ breites Maximum im Bereich um 1 μm und fällt nach links und rechts steil ab. Die Verweilzeit der 1 μm großen Partikel in der Luft beträgt etwa 20 Tage! Überraschend ist der Abfall der Verweilzeit kleiner Partikel unter 1 μm. Je kleiner die Partikel, umso schneller verschwinden sie aus der Atmosphäre – ein Umstand, auf den noch eingegangen wird. Partikel über 1 μm fallen zu Boden, und zwar mit zunehmender Größe immer schneller. Es bietet sich an, die Kurve in drei Abschnitte zu unterteilen: linker Ast für den Nanostaub, Feinstaub in der Mitte als Übergangsbereich, rechter Ast für den Grobstaub. Ohne Regen verbliebe Feinstaub immer in der Luft.

1.1.3.1 Nanostaub

Der linke Kurvenabschnitt umfasst den Nanostaub von 1–100 nm. Die Partikel bewegen sich schnell und auf ähnlichen Bahnen wie Luft- oder Dampfmoleküle (vgl. Abb. 1.2). Beim Zusammenstoß haften besonders kleine und leichte Partikel sowie solche mit glatter Oberfläche aneinander. Das führt zur schnellen Abnahme der Zahl der kleinen, bei gleichzeitiger Zunahme der großen Partikel. Die Masse an Feinstaub in der Luft bleibt erhalten, es findet lediglich eine Verlagerung zu größeren Partikeln hin statt. Ein Kennzeichen schwebender Nanopartikel ist das sofortige Haften beim Auftreffen auf eine Oberfläche, sei es die einer Wand oder die eines anderen Staubpartikels. Diese Hafteigenschaft verliert sich ab 100 nm und endet bei etwa 200 nm. In Aerosolen kann deshalb die Grenze des Nanobereichs bei 200 nm gezogen werden.

1.1.3.2 Feinstaub/Übergangsbereich zwischen Nanostaub und Grobstaub

Im mittleren Bereich zwischen 100 nm und 2,5 μm liegt das Verweilzeitmaximum der Partikel. Teilchen der Größe 1 μm verbleiben etwa 20 Tage in Schwebe. Die Flugbahn der Partikel beginnt, sich von der der Luftmoleküle zu unterscheiden. Die Schwerkraft dirigiert die Teilchen mit zunehmender Masse spürbar nach unten. Die Entfernung von Nanostaub aus der Luft erfolgt durch Regen.

1.1.3.3 Grobstaub

Im rechten Bereich der Kurve, für Teilchen >2,5 μm, zeigt die Schwerkraft zunehmend Wirkung und lenkt die Teilchen nach unten.

1.1.3.4 Besondere Feinstaubbereiche

Die Annehmlichkeiten der Zivilisation werden mit einem wachsenden Verbrauch von Energie erkauft, die bisher überwiegend aus Verbrennungsprozessen stammt. Der dabei freigesetzte Feinstaub mit hohem Nanostaubanteil geht weit über den naturgegebenen Gehalt in der Luft hinaus. Partikel dieser Größe dringen besonders tief in die Kanäle der Bronchien ein und schädigen das Gewebe, wenn die Dosis die Reinigungskraft der Lunge übersteigt. Als Maß für die gesundheitliche Beurteilung gilt die Gesamtmasse der in der Luft enthaltenen Feinstaubmenge, mit einem Cut bei einer ausgewählten Partikelgröße. PM_{10} sagt aus, welche Masse aller Teilchen unterhalb der Größe 10 μm in 1 m³ Luft enthalten ist. PM steht für *particulate matter*. Weitere Messgrößen sind $PM_{2,5}$ und $PM_{0,1}$. Für den Staub $PM_{2,5}$ wird von der Weltgesundheitsorganisation ein Zielwert von 10 μg/m³ vorgeschlagen, der allerdings utopisch erscheint. Für PM_{10} liegt der Höchstwert bei 40 μg/m³. Für den Arbeitsschutz gilt die Größe PM_4 als Bewertungsmaßstab.

In Abb. 1.1 sind die für Staubüberwachung gewählten Partikelgrößen eingetragen. Sie liegen im Mittelbereich der Pyramidenkurve. In der Praxis hat sich herausgestellt, dass die Massen der verschiedenen Proben in einem festen Mengenverhältnis zueinander stehen. Es reicht in vielen Fällen aus, sich auf den relativ leicht messbaren Wert PM_{10} zu stützen.

1.1.3.5 Haftvermögen

Nanostaubpartikel haften ähnlich wie die Moleküle von Gasen und Dämpfen auf allen Oberflächen, auch aneinander und an größeren Staubpartikeln. Mit dem Übergang zum Feinstaub geht diese Fähigkeit zunehmend verloren.

1.1.3.6 Sichtbarkeit

Je nach Sehvermögen können wir mit dem bloßen Auge Partikel der Größe 20–40 µm erkennen. Die Wellenlänge des Lichtes, die sich je nach Farbe in dem Bereich zwischen 0,38–0,78 µm bewegt, begrenzt die Auflösung. Das Einzelkorn im Feinstaub bleibt unsichtbar, ähnlich den Atomen und Molekülen. Sichtbar sind nur wenige Partikel vom rechten Kurvenabschnitt der Verweilzeitkurve nach Abb. 1.1. Die gesamte Kurve stützt unsere Vorstellung vom unsichtbaren Schwebstaub.

Grobstaub lässt sich am besten im Schräglicht bei aufgehender Sonne vor dunklem Hintergrund beobachten. Vor dieser „Bühne" ziehen Faserbruchstücke funkelnd ihre Bahn. Der Faserdurchmesser liegt bei nur etwa 30 µm; ihre Länge von mehreren Millimetern macht sie gut sichtbar.

Wenn feine Partikel sich in großer Zahl auf engem Raum versammeln, dann werden sie als Wolke sichtbar. Denken Sie an eine brennende Zigarette, den Auspuff eines schadhaften Motors oder an fallendes Schüttgut. Meist lösen sich die „Wolken" langsam von selbst auf. Wenn uns die Luft als Dunst erscheint, bewegen sich darin etwa 10^{12} Partikel pro m³. Treten Nebeltröpfchen dazu, sprechen wir von Smog, einer Mischung aus Rauch *(smoke)* und Nebel *(fog)*.

Das Lichtmikroskop machte im 19. Jh. die grazile Welt des Grobstaubes sichtbar, seit dem 20. Jh. ermöglicht uns das Elektronenmikroskop Einblicke in die Strukturen des Nanostaubes (Soentgen 2006).

1.2 Luftbewegung und Energieerhaltung

1.2.1 Energieformen der Luft

1.2.1.1 Druck

Ohne Masseeigenschaft der Luftmoleküle hätten wir keine Atmosphäre und auch keinen Luftsauerstoff zum Atmen. Die Molekülmasse ist bei einem Durchmesser von gerade mal 0,5 nm zwar winzig, die Schwerkraft der Erde bewirkt aber, dass die Moleküle im Umfeld der Erde bleiben. Luft lagert in Schichten abnehmender Dichte über der Erde. Mit ihrem Gewicht üben sie auf der Erdoberfläche einen Druck von 1013 hPa (Hektopascal) aus. Da Druck gleichmäßig in alle Richtungen wirkt, spüren wir davon nichts; es herrscht Druckausgleich, denn wir üben selbst 1013 hPa auf die uns umgebende Luft aus, nach dem Prinzip *actio = reactio*. Der Druck ist eine der Energieformen, die der Luft innewohnt.

Luft bewegt sich nur dann, wenn ein antreibender Druck, genau genommen eine Druckdifferenz, „dahintersteckt". In diesem Fall wirkt der Druck in eine Richtung, nämlich senkrecht zur Fläche, wobei die Fläche die Oberfläche eines Gegenstandes oder die Grenze zwischen Luftmassen sein kann. Der Druckaufbau geht auf eine überschaubare Zahl von Ursachen zurück. Trotzdem kann die Analyse von Luftströmungen wegen der vielfältigen Erscheinungsformen der Energiequellen manches Rätsel aufgeben.

1.2.1.2 Bewegungsenergie

Eine weitere, besonders ergiebige Energieform steckt in strömender Luft. In Windparks wird sie genutzt, um diese kinetischen Energie in elektrische Energie umzuwandeln. Das Besondere an der Strömungsenergie ist die Zunahme mit dem Quadrat ihrer Geschwindigkeit. Entsprechend steigt der Energieertrag der Windräder progressiv mit der Windgeschwindigkeit an, bis sie wegen Gefährdung ihrer Standfestigkeit abgeschaltet werden müssen. In Orkanen entfaltet die Windenergie zerstörerische Wirkung.

In Innenräumen bewegt sich die Luft moderat. In der Regel bleibt sie unter 1 m/s. Bereits Geschwindigkeiten über 0,2 m/s werden auf Dauer als Zug empfunden. Ein Auto bewegt sich mit Orkangeschwindigkeit auf der Autobahn. Eine Auswahl von Windstärken nach Beaufort im Vergleich zu bewegten Objekten zeigt Tab. 1.2.

1.2.1.3 Höhenenergie – Potenzielle Energie

Die in der Höhe steckende Energieform der Luft wird für uns erst auf den zweiten Blick erkennbar, nämlich als thermischer Auftrieb. Auftrieb wird wirksam, wenn Luftvolumen unterschiedlicher Dichte aneinandergrenzen. Wie entstehen die Dichteunterschiede? Durch Wärmezufuhr, denn dabei dehnt sich Luft aus und wird leichter.

1.2.1.4 Wärmeenergie

Der Wärmeinhalt der Luft gehört natürlich auch zu ihren Energieformen. Es ist die innere Energie, die mit steigender Temperatur zunimmt. Die direkte Aufnahme dieser Energieform in unsere Betrachtung würde sehr thermody-

Tab. 1.2 Windstärken nach Beaufort und ihre Wirkung

Windstärke nach Beaufort		Windgeschwindigkeit		Wirkung des Windes	Bewegte Objekte
		m/s	km/h		
0	Windstille	0–0,3	0–2	Zugfrei	Bewohner im Innenraum
1	Leiser Zug	0,3–1,6	2–5	Kaum merklich	Wanderer
3	Schwache Brise	3,4–5,5	12–19	Blätter bewegen sich	Radfahrer
5	Frische Brise	8,0–10,8	29–38	Bäume biegen sich Beginn der Bodenerosion	100-m-Läufer
10	Schwerer Sturm	24,5–28,5	89–102	Baumstämme brechen	Auto
12	Orkan	>32,7	>117	Schwerste Verwüstungen	Auto, Eisenbahn

namisch und wenig eingängig. Jedenfalls empfinden wir warme Luft im Sommer als besonders angenehm.

Erwärmte Luft kann sich in der Atmosphäre ungehindert ausdehnen und gerät nicht unter Druck. Wir können bei der bisherigen, klassischen Strömungsmechanik bleiben, indem wir wie gewohnt jeder Lufttemperatur eine Dichte zuordnen. Benachbarte Luftvolumen unterschiedlicher Temperatur geraten deshalb sofort unter Auftrieb. Hinter dem Auftrieb verbergen sich Drücke, denen wir in den Abschnitten Fensterlüftung bzw. Walzenströmung im Innenraum nachgehen werden.

1.2.2 Bernoulli-Gleichung

Der Energieerhaltungssatz besagt, dass keine Energie verloren gehen kann. Das gilt auch für die Energieformen der Luft. Die Summe aus Druck und Bewegungs- und Höhenenergie bleibt konstant. Diese Verknüpfung ist als Bernoulli-Gleichung bekannt; sie ist die geläufigste Gleichung der Strömungsmechanik (vgl. Tab. 1.3).

Der Vollständigkeit halber sei darauf hingewiesen, dass sich der Energieinhalt der Einzelkomponenten auf das Volumen bezieht. Der Gesamtdruck P_{ges} dient als Hilfsgröße bei der Umrechnung der einzelnen Energieformen. Das bedeutet insbesondere, dass Geschwindigkeit in Druck und umgekehrt Druck in Geschwindigkeit umgewandelt werden kann.

In der Tab. 1.3 bedeuten Pa die Druckeinheit Pascal, N die Krafteinheit Newton. Die kinetische Energie E_{kin} hängt von der Luftdichte ρ und dem Quadrat ihrer Geschwindigkeit u ab. Die potentielle Energie ist ein Produkt

Tab. 1.3 Energieformen der Luft, auf das Volumen bezogen – Bernoulli-Gleichung, rechnerischer Gesamtdruck P_{ges} = constant

Energieform	Zeichen	Formel	Einheit
Druck	P	–	$Pa = \dfrac{N}{m^2} = \dfrac{J}{m^3}$
Kinetische Energie	E_{kin}	$\dfrac{1}{2}\varrho \cdot u^2$	J/m³
Potenzielle Energie	E_{pot}	$g \cdot \varrho \cdot z$	J/m³

Bernoulli-Gleichung: $p + \dfrac{1}{2}\varrho \cdot u^2 + g \cdot \varrho \cdot z = P_{ges}$

von Erdbeschleunigung g, Luftdichte ρ und Höhe über dem Erdboden z. Die Einheit aller drei Energieformen ist Joule, J.

Erstes Glied der Bernoulli-Gleichung ist der Druck. Ihn selbst nehmen wir mit unseren Sinnen gar nicht wahr, sondern nur eine Druckdifferenz, etwa wenn bei Sturm die Türen im Hause zuknallen oder wir gegen Wind angehen. Aus der Bernoulli-Gleichung folgt, dass in unserer Atmosphäre hohe Strömungsgeschwindigkeiten von Unterdruck begleitet sein müssen. Die dabei entstehenden Druckdifferenzen zeigen Wirkung. Denken Sie an die Windgeschwindigkeiten im Umfeld von Tiefdruckgebieten. Künstlich wird Unterdruck über den Tragflächen von Flugzeugen und in Luftstrahlpumpen von Luftzerstäubern erzeugt.

Luft bewegt sich von einem Ort hohen zu einem Ort niedrigen Drucks, zwischen den beiden Orten besteht eine Druckdifferenz. Mit Hilfe der Bernoulli-Gleichung lässt sich die Differenz berechnen (vgl. Tab. 1.4).

In Tab. 1.4 sind die Wirkdrucke Δp dargestellt, die sich aus der Bernoulli-Gleichung ableiten. Die Formeln illustrieren in mathematischer Kürze den Einfluss der Zustandsgrößen Druck p, Geschwindigkeit u, Dichte ρ und geodätische Höhe z. Wie wir sehen werden, illustrieren die Druckdifferenzen die treibenden Kräfte beim Heizen und Lüften von Innenräumen.

1.2.3 Stromlinien an Hindernissen

1.2.3.1 Ruhende Objekte

Als anschauliches Beispiel für die Anwendung der Bernoulli-Gleichung bietet sich die Umströmung eines Hauses an (vgl. Abb. 1.3). Hier zeigen Stromlinien den Weg des Windes in der Seitenansicht und mit Blick von oben. Vor dem Hindernis teilt sich die Luft und schließt sich hinter ihm wieder zusammen. In dem Stromlinienbild betrachten wir die Stellen 1 und 2. An Stelle 1 herrscht vom Hindernis noch ungestörte Anströmung mit der Ge-

Tab. 1.4 Fallbeispiele nach Bernoulli

Bernoulli-Gleichung für 2 Orte, $P_{ges1} = P_{ges2}$	$p_1 + \frac{1}{2}\rho_1 \cdot u_1^2 + g \cdot \varrho_1 \cdot z_1 = p_2 + \frac{1}{2}\varrho_2 \cdot u_2^2 + g \cdot \varrho_2 \cdot z_2$
Staudruck, Orte 1 und 2 $\varrho_1 = \varrho_2,\ z_1 = z_2,\ u_2 = 0$	$\Delta p = \frac{1}{2}\varrho \cdot u^2$
Unterdruck der Umströmung, Orte 1 und 3 $\varrho_1 = \varrho_3,\ z_1 = z_3$	$\Delta p = -\frac{1}{2}\varrho \cdot (u_3^2 - u_1^2)$
Barometrische Höhenformel (vertikale Druckabnahme) $\varrho_1 \approx \varrho_2 = \varrho = \dfrac{351}{T},\ u = o$	$\Delta p = -g \cdot \varrho \cdot \Delta z$
Thermischer Auftrieb $z =$ Höhe der Luftsäule	$\Delta p = g \cdot z \cdot \Delta \varrho$

schwindigkeit $u_1 = u$. An Stelle 2, direkt am Hindernis, herrscht Windstille, die Geschwindigkeit ist auf 0 abgefallen, $u_2 = 0$. Dieser Ort ist uns als Staupunkt geläufig. Die Energieinhalte der Luft an beiden Orten müssen nach Bernoulli übereinstimmen. Der Formelansatz ist in Tab. 1.4, Z. 1 wiedergegeben. Der Staudruck hat unter Berücksichtigung weiterer Randbedingungen einen Wert, der gleich ist der kinetischen Energie des Windes in der nicht gestörten Anströmung (vgl. Tab. 1.4, Z. 2).

Wir wissen, dass die Luft mit erhöhter Geschwindigkeit am Haus vorbeiströmt. Welcher Unterdruck stellt sich ein? Dazu wird neben dem Anströmort 1 ein weiterer über dem Dach des Hauses gelegener Ort 3 betrachtet, an dem die Luft mit erhöhter Geschwindigkeit u_3 das Dach überströmt (vgl. Abb. 1.3). Die Anwendung der Bernoulli-Gleichung für die Punkte 1 und 3 liefert den Unterdruck, der sich über dem Dach des Hauses einstellt (vgl. Tab. 1.4, Z. 3). Aus Sicht der Energieerhaltung bedeutet das, die Energie für die Geschwindigkeitserhöhung wird dem Druck entnommen, der Druck fällt ab. In der beschleunigten Strömung um das Haus herrscht überall Unterdruck, der an den Flächen des Daches und auch an den Seiten des Hauses nach außen zieht. Der am Dach wirkende Unterdruck wirkt der Schwerkraft entgegen und wird deshalb auch dynamischer Auftrieb genannt. Der Formel ist zu entnehmen, dass der Staudruck vor dem Haus dem Betrag nach größer ist als der seitlich wirkende Saugdruck. Auf der Leeseite des Hauses bildet sich eine Wirbelschleppe aus; ihre Länge hängt von der Windstärke ab. Die Wirbel lösen sich unter Wärmebildung auf. Die nach Bernoulli vorhergesagte Rückumwandlung von Geschwindigkeit in Druck bleibt unvollständig, ein für alle verzögerten Strömungen typisches Phänomen. Als Merksatz lässt sich formulieren: Stehende Luft ist mit Überdruck, hohe Luftgeschwindigkeit mit Unterdruck verbunden. Denken Sie an das Wettergeschehen.

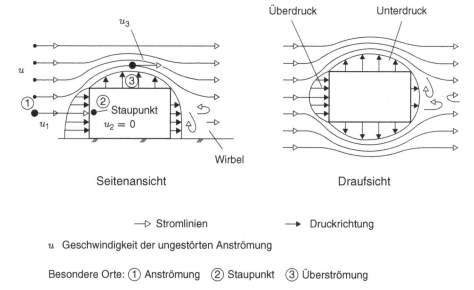

Seitenansicht   Draufsicht

—▷ Stromlinien   → Druckrichtung

u Geschwindigkeit der ungestörten Anströmung

Besondere Orte: ① Anströmung ② Staupunkt ③ Überströmung

Abb. 1.3 Druckverteilung bei der Umströmung eines Gebäudes

Die Druckverteilung am Haus kann für die Lüftung der Innenräume genutzt werden. Staudruck auf der Anströmseite des Hauses und Unterdruck an den Seiten bieten ideale Druckverhältnisse für die schnelle Querlüftung der Innenräume.

Die Umströmung von lose aufliegenden Staubpartikeln führt nach Bernoulli zur gleichen Druckverteilung mit dem Unterschied, dass bei kleinen Partikeln Wirbel praktisch nicht auftreten. Der Staudruck bringt Luft unter Grobstaub, Fasern und Laub, lockert es, bis das Material von Windböen erfasst wird und in die Luft aufsteigen kann. Feinstaub dagegen neigt stark zu Haftung an Oberflächen, auf die Ursachen wird noch eingegangen.

1.2.3.2 Bewegte Objekte

Bei den bisher betrachteten Hindernissen strömte Luft aufgrund eines entfernt wirkenden Tiefdruckgebietes als atmosphärischer Wind. Bewegte Körper erzeugen ihren eigenen Wind. Die Energie für die Bewegung liefern bei Eisenbahn, Auto oder Flugzeug Motoren, bei Mensch und Tier die Muskelkraft oder bei fallendem Schüttgut und einzelnen Staubpartikeln die Schwerkraft. Die Eigenbewegungen haben eine Besonderheit. Sie hinterlassen auf ihren Wegen ortsfeste, turbulente Wirbelstrecken, die im Gegensatz zu atmosphärischen Winden schnell abklingen. Vor dem bewegten Objekt entsteht Druck, Staudruck, der die seitliche Umströmung einleitet. Bei Flugzeugen bilden sich wegen der hohen Geschwindigkeit lange, energiereiche Wirbelschleppen, die für nachfolgende Flugzeuge gefährlich werden können. Hinter Zügen und auf Autobahnen wirbelt es heftig. Fahrbahnen von Schnellstraßen bleiben so staubfrei. Bei kleinen und langsamen Objekten sind die Wirbel wenig ausgeprägt. Man kann nun die weiterführende Frage stellen, ob das Stromlinienbild bewegter Objekte mit dem für ruhende Gegenstände übereinstimmt. Die Antwort lautet: im Prinzip ja, wenn man den bewegten Gegenstand mit den Augen von einem festen Standort aus verfolgt (Oertel jr. et al. 2011, S. 72).

1.2.4 Thermischer Auftrieb

1.2.4.1 Fensterlüftung

Die Dichte der Luft nimmt mit der Höhe in dem Maße ab, wie das Gewicht der überlagerten Luftmasse abnimmt. Der Zusammenhang wird mit der barometrischen Höhenformel beschrieben. In Tab. 1.4, Z. 4 ist der Zusammenhang als Differenzengleichung wiedergegeben. Die Erdbeschleunigung g ist konstant. Die Dichte der Luft ρ bestimmt die Steilheit der Druckabnahme nach oben. Das bedeutet: In Erdnähe schnelle Druckabnahme nach oben, in der Höhe langsame Druckabnahme.

Von praktischer Bedeutung sind die Dichteunterschiede durch Temperaturschwankungen für die Gebäudelüftung. Die Luftdichte ändert sich mit der Temperatur und zieht dadurch eine Kette von Zustandsänderungen der Luft nach sich (vgl. Abb. 1.4). Kalte Außenluft bedeutet: hohe Dichte, schneller Druckabfall nach oben, dargestellt durch eine Gerade mit geringer Steigung. Warme Innenraumluft bedeutet: niedrige Dichte, langsamer Druckabfall nach oben, dargestellt als Gerade mit großer Steigung. Beide Druckverläufe sind in Abb. 1.4 eingetragen. Die ebenfalls eingezeichnete Differenz aus beiden Druckverläufen treibt die Lüftung an. Im oberen Bereich des Fensters resultiert Druck nach draußen, im unteren Bereich Druck nach innen. Über einer neutralen Zone, die sich nach örtlichen Gegebenheiten einstellt, herrscht im Zimmer Überdruck, darunter Unterdruck, ideale Bedingungen also für den Luftaustausch. Aus der Darstellung (vgl. Abb. 1.4) ist zu erkennen, dass hohe Fenster die höchsten Lüftungsdrücke entwickeln (Baumgarth et al. 2011, S. 343; Forschungsprogramm ERL 1994).

An den Druckverläufen ist ferner abzulesen, dass am Boden eines beheizten Innenraums immer Unterdruck herrscht, auch bei geschlossenem Fenster. Kalte Außenluft drängt so stets nach innen, z. B. durch Spalte unter der Eingangstür. An der Zimmerdecke herrscht dagegen Überdruck zur Außenluft. Durch oben angeordnete Fenster strömt Warmluft nach außen wie bei einem gekippten Fenster. Der Effekt verstärkt sich bei Mietshäusern: In der kompletten Erdgeschoßwohnung herrscht Unterdruck, in der Wohnung unter

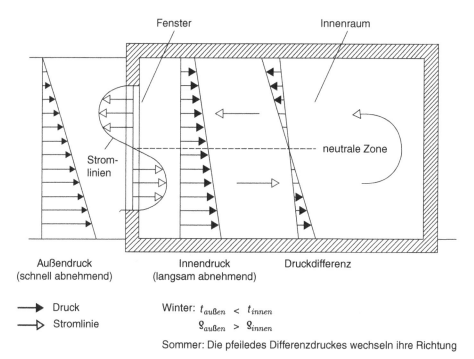

Abb. 1.4 Fensterlüftung mit antreibenden Drücken. (Nach Baumgarth et al. 2011; ERL 1994)

dem Dach dagegen Überdruck. Im Sommer können sich die Verhältnisse bei hohen Außentemperaturen umkehren (Hörner und Schmidt 2014, S. 56 ff.).

1.2.4.2 Walzenströmung

Thermischer Auftrieb ist auch für die Zirkulation der Luft in Innenräumen verantwortlich. Als örtliche Wärmequellen zur Erwärmung der Luft kommen Sonnenstrahlen, Heizkörper, Elektrogeräte, Mensch oder Tier infrage. An einer Stelle des Raumes findet sich immer eine Wärmequelle oder eine Wärmesenke. Erwärmte Luft gerät unter den Einfluss von Auftrieb und steigt nach oben. An einer kalten Wand, wie z. B. einer Außenwand, liegt der umgekehrte Fall vor: Die Luft kühlt ab, wird schwerer und sinkt zu Boden; von dort strömt sie zurück zur Heizung. Luftmassen sind träge, erst allmählich kommt eine gleichmäßige Walzenströmung in Gang, am Ende steht die ausgebildete Strömung.

Wo wirken die Drücke, die die Walze in Gang setzen? Dazu stellen wir uns zwei senkrechte Luftsäulen vor, eine an der Heizung als „Warmluftblase" und eine an der kalten Wand als „Kaltluftpfropfen". Die Luftdichte in den Säulen weicht von der in der Raummitte ab; in der Warmluftblase ist sie

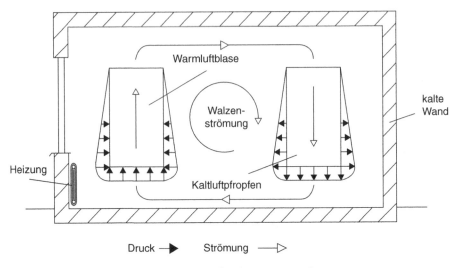

Abb. 1.5 Luftzirkulation im Innenraum (Walzenströmung)

niedriger, in der Kaltluftblase höher als in der Zimmerluft. Der Druckverlauf längs der Säulenhöhe ergibt sich aus der Auftriebsgleichung nach Tab. 1.4, Z. 5. Diese Drücke setzen die Luftzirkulation in Gang (vgl. Abb. 1.5). Sie nehmen nach unten zu und sind mit ihren Richtungspfeilen eingetragen. Der Druck auf die Bodenfläche der Warmluft hebt die Blase an. Umgekehrt drückt er den Kaltluftpfropfen nach unten. Die seitlichen Drücke versuchen, den Warmluftpfropfen einzuschnüren und Teile davon anzuheben, während sie den Kaltluftpfropfen auseinandertreiben. Luftzirkulation kommt an jeder Wärmequelle in Gang, sei es Sonneneinstrahlung, Computer, Stehlampe oder Kochstelle. Ausgebildete Walzen erreichen im Innenraum Geschwindigkeiten von 0,3 m/s, in den Thermikströmungen im Freien 10 m/s und mehr.

1.2.5 Tiefdruckgebiete

Tiefdruckgebiete treiben großräumig riesige Luftmassen an. Die Luft versucht mit hoher Geschwindigkeit, das Tief aufzufüllen. Die Luft strömt aber nicht in das Tief ein, sondern um das Tief herum. Die von der Erddrehung ausgelöste Corioliskraft lenkt die Luft so ab, dass die Tiefs sich nicht auffüllen, sondern großräumig über die nördliche oder südliche Halbkugel der Erde wandern. Die Lage des Tiefs ist leicht auszumachen. Stellen wir uns dem Wind entgegen, dann zeigt – auf der Nordhalbkugel – der ausgestreckte rechte Arm in Richtung des Tiefs. Auf der Südhalbkugel verläuft die Strömung spiegelbildlich zur Nordhalbkugel. Der atmosphärische Gesamtdruck beträgt 1033 hPa. Im Vergleich dazu sind die treibenden Druckunterschiede zwischen Hoch- und Tiefdruckgebiet relativ gering; normalerweise liegen sie zwischen 10–20 hPa, also bei 1–2 % des Gesamtdrucks. Auch bei den hier beschriebenen Strömungsvorgängen sind die treibenden Druckgefälle im Vergleich zum Gesamtdruck gering. Trotzdem werden große Luftmassen wirkungsvoll in Bewegung gesetzt.

1.2.6 Ausgebildete Strömung

Lassen Sie uns noch einen zusammenfassenden Blick auf die Beständigkeit einer Strömung werfen. Atmosphärische Winde und solche des thermischen Auftriebs wehen gleichmäßig; der Fachmann spricht von stationärer, ausgebildeter Strömung. Von Kräften, d. h. durch Muskel- oder Motorkraft bewegte Körper bauen vor sich eine Bugwelle auf; mit ihr beginnt die Umströmung des Körpers. Bei der Beschreibung der begleitenden Winde kommt es auf den Standort des Betrachters an, wie ein Beispiel zeigen soll: Ein Passagier schaut aus dem Fenster eines Zuges, er ist mitfahrender Beobachter. Er nimmt das Stromlinienbild des Zuges als gleichbleibend, also stationär, wahr. Eine andere Person beobachtet den Zug von einem festen Standort aus, etwa von einem Bahnübergang. Ihr erscheint die Strömung im höchsten Maße instationär. Zuerst erschüttert die Bugwelle des Zuges die Luft, dann folgen heftige, aber vergängliche Wirbel, nach einiger Zeit kehrt wieder Ruhe ein. Wir bleiben hier beim ortsfesten Staubbeobachter.

1.3 Vermischung durch Transportvorgänge

1.3.1 Diffusion von Gasen und Dämpfen

1.3.1.1 Bewegung der Moleküle, 1. Fick'sches Gesetz

Die Gasmoleküle sind in ständiger Bewegung und prallen wie Tennisbälle gegeneinander. Die kleinen Flugkörper haben aber nur Durchmesser von 0,5 nm. Im Mittel treffen sie nach einem Flugweg von 71 nm aufeinander. Diese Strecke wird als freie Weglänge der Gasmoleküle definiert. Im Verhältnis zu ihrer Größe haben die Moleküle lange Flugbahnen. Prallt das Molekül auf eine Wand, wird es zurückgeworfen; dabei übt es eine winzig kleine Kraft auf die Wand aus. Die Einzelkräfte addieren sich zum Druck, der senkrecht auf die Fläche wirkt.

Die absolut freie Beweglichkeit der Moleküle führt zu ihrer ständigen Vermischung. Gelangen Fremdgase, Dämpfe und Geruchsstoffe in die Luft, so breiten sie sich in alle Richtungen bis zur vollständigen Vermischung aus. Mit wachsender Anfangskonzentration steigt die Geschwindigkeit der Ausbreitung. Dieser Zusammenhang ist Inhalt des 1. Fick'schen Gesetzes. Die

Tab. 1.5   Transportvorgänge in der Luft

Diffusion	1.Fick'sches Gesetz $$J = -D \cdot \frac{\Delta c}{\Delta x}$$	Ausbreitung von Molekülen und Nanopartikeln durch Konzentrationsunterschied
Turbulenz	Reynolds-Zahl $$R_e = \frac{u \cdot d}{v}$$	R_e charakterisiert den Strömungszustand der Luft. Umschlag von laminar zu turbulent: fallende Kugel $R_e > 1$ Rohrströmung $R_e > 2320$

In der Tabelle bezeichnet J den Mengenstrom von Fremdgasen oder Nanopartikeln längs eines Weges Δx aufgrund eines Konzentrationsgefälles Δc. D ist ein systemspezifischer Diffusionskoeffizient. Das Minuszeichen berücksichtigt den Umstand, dass der Mengenstrom in Richtung abnehmender Konzentration verläuft

Diffusion zählt zu den langsam ablaufenden Transportvorgängen; sie wirkt besonders im Nahbereich (vgl. Tab. 1.5).

1.3.1.2 Bewegung der Partikel

1.3.1.2.1 Nanostaub

Die kleinsten Staubpartikel sind bereits viel größer als Luftmoleküle. Überraschenderweise bewegen sich solche Partikel auf ähnlichen Zickzackbahnen wie die Gasmoleküle. Ihre originelle Bewegung wird Brown'sche Bewegung genannt. Sie wird auch bei großen Molekülkomplexen in Flüssigkeiten beobachtet, zuerst vom Botaniker Robert Brown 1827 (Friedlander 2000, S. 28). Ein Zusammenstoß zweier Gasmoleküle verändert ihre Flugbahnen nach den Stoßgesetzen. Nanopartikel sind zu schwer, als dass sie auf den Zusammenstoß mit einem Gasmolekül reagierten. Jetzt passiert es aber, dass mehrere Gasmoleküle gleichzeitig an einer Stelle des Partikels auftreffen und dem Partikel so einen merklichen Impuls in eine Richtung verleihen. Das Partikel fliegt ein Stück geradeaus, dieses Stück Flugbahn wird als freie Weglänge eines Partikels verstanden.

Bei Molekülclustern, die zu den kleinsten Nanoteilchen gehören, beträgt die freie Weglänge etwa 70 nm. Sie nimmt mit wachsender Größe der Teilchen ab und erreicht mit 7 nm für 100-nm-Partikel das Minimum. Für größere Partikel nimmt die Weglänge wieder zu, für ihre Bewegung gewinnt die Schwerkraft an Einfluss. Der Verlauf der freien Weglänge wurde in Abb. 1.1 aufgenommen. Die Kurve zeigt einen nach oben offenen Verlauf. Es fällt sofort auf, dass beide Kurven im Bereich von 1 μm ihre Richtung ändern, was die bereits vorgenommene Aufteilung des Schwebstaubes in drei Größenbereiche, Nano-, Fein- und Grobstaub, stützt. Im Nanobereich wird die Bewegung der Partikel von der Diffusion bestimmt.

Eine wichtige Eigenschaft von Nanopartikeln soll an dieser Stelle erwähnt werden: Stoßen sie gegeneinander, treffen sie auf größere Partikel oder auf eine Wand auf, so bleiben sie dort mit hoher Wahrscheinlichkeit haften, und zwar umso eher, je kleiner sie sind.

1.3.1.2.2 Feinstaub

Im mittleren Bereich, zwischen 0,1 und 2,5 μm, durchläuft die freie Weglänge ein Minimum. Dieser Bereich ist von schwindendem Einfluss der Diffusion bei gleichzeitig zunehmendem Einfluss der Schwerkraft geprägt. Teilchen dieser Größe sind äußerst schwer aus der Luft zu entfernen. Sie sind als *most penetrating particle size,* MPPS, eine wichtige Bezugsgröße für Staubfilter. Die Abscheideleistung von Staubfiltern wird auf diese Partikelgröße bezogen, so bei der Angabe der Reinigungswirkung von Filterbeuteln in Staubsaugern.

1.3.1.2.3 Grobstaub

Im rechten Bereich der Kurve, ab etwa 1 μm, beginnt der freie Fall, d. h., die Teilchenmasse bestimmt die Bewegung der Partikel. Die Fallgeschwindigkeit nimmt unter dem Einfluss der Schwerkraft quadratisch mit dem Teilchendurchmesser zu. Zahlenbeispiele folgen in Kap. 3, Staubbindung.

1.3.2 Reibung und Turbulenz

1.3.2.1 Laminare Strömung

Bei geringer Windbewegung strömt die Luft in Schichten über den Boden. Die Geschwindigkeit der Schichten nimmt zum Boden hin ab, bis sie direkt am Boden zum Stehen kommen. Eine solche geschichtete Strömung wird als laminar bezeichnet (vgl. Abb. 1.6). In Abb. 1.6a ist der Vorgang schematisch dargestellt, wobei die gedachten Schichten durch unterschiedlich lange Geschwindigkeitspfeile dargestellt sind. Ursache für die Verzögerung der Strömung ist die Zähigkeit der Luft. Luftmoleküle wechseln von einer Schicht zur anderen und sorgen für gleichmäßiges Abbremsen der Luft bis zum Boden. Die Gesamtheit der abgebremsten Luftschichten wird als Grenzschicht bezeichnet.

1.3.2.2 Reibung bei laminarer Strömung

Die klassische Mechanik ordnet den beschriebenen Vorgang als Reibung ein. An Reibvorgängen sind zwei Komponenten beteiligt, senkrecht auf die Ebene

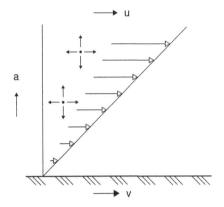 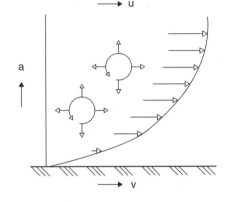

a Laminare Strömung	**b turbulente Strömung**
Austausch von Molekülen	Austausch von Wirbelballen
zwischen den Luftschichten	zwischen den Luftschichten

a   Abstand von der Oberfläche
u   Windgeschwindigkeit über der Grenzschicht (Anströmgeschwindigkeit)
v   örtliche Luftgeschwindigkeit in der Grenzschicht

Abb. 1.6   Grenzschicht, Strömungsprofile in Bodennähe

wirkende Druckkräfte und in der Ebene wirkende Schubkräfte. Bei der Luftreibung wirken in diesem Sinne der Luftdruck von oben und Winddruck von der Seite. Reibung spielt bei der Staubbildung eine dominierende Rolle.

In der Praxis halten sich die von einer laminaren Strömung ausgeübten Reibungskräfte in Grenzen. Die Schubkraft nimmt lediglich linear mit der Geschwindigkeit der anströmenden Luft zu, bei turbulenter Strömung ist das anders, hier steigt die Schubkraft mit dem Quadrat der Geschwindigkeit.

1.3.2.3 Turbulente Strömung

Ab einer bestimmten Windgeschwindigkeit, die auch von der Rauheit der überströmten Fläche abhängt, bilden sich Wirbel aus. Die Strömung schlägt von laminar nach turbulent um. An die Stelle der Molekülbewegung zwischen den Schichten treten rotierende Wirbelballen, die sich in alle Richtungen ausbreiten, während sie gleichzeitig mit der Strömung fortgetragen werden. Der Austausch der Wirbel quer zur Strömungsrichtung flacht das Geschwindigkeitsprofil ab, wie in Abb. 1.6b dargestellt. Die Wirbel reiben sich an der umgebenden Luft und lösen sich dabei unter – geringer – Wärmeentwicklung auf. Wirbel sorgen für eine schnelle, raumübergreifende Ausbreitung von Fremdstoffen. Geruchsstoffe und Staub breiten sich unter diesen

Bedingungen schnell aus. Turbulenz übernimmt die weiträumige Verteilung, die Diffusion die lokale Feinvermischung.

In der Landschaft bildet sich je nach Windstärke eine turbulente Grenzschicht aus, deren Höhe von den überströmten Hindernissen abhängt. Über Wiesen und Feldern liegt sie bei 50–100 m, über bebautem Gebiet kann sie diese Werte weit übersteigen. Sie trägt den Namen Prandtl-Schicht. In der erdnahen Luftschicht werden großräumige Wirbel transportiert (Oertel 2012, S. 589). Sie bilden sich gut ab in den Wogen eines Getreidefeldes. Böiger Wind steckt voller Wirbel. Wir beobachten die Bewegungen als kurzfristige Änderung der Hauptwindrichtung. Phasen der Windstille wechseln sich mit Gegen- und Seitenwind ab. Weniger fühlbar, aber gelegentlich sichtbar sind die vertikalen Turbulenzanteile des Windes, wenn z. B. Grobstaub und trockenes Laub vom Boden abheben. Für den Staubtransport ist die Aufwärtskomponente der Turbulenzballen von eminenter Bedeutung. Sie wird auf 20 % der Windgeschwindigkeit geschätzt. Bei der häufigen Windstärke 3–4 bläst der Wind mit 5 m/s, was einer Aufwärtskomponente von 1 m/s entspricht. Ein Sandkorn von 200 µm Durchmesser bleibt in diesem Aufwind in Schwebe, denn es fällt gleichzeitig mit dieser Geschwindigkeit (Bagnold 1941, S. 6). Die über Wüsten vom Ferntransport erfassten Partikel liegen mit deutlichem Abstand darunter, nämlich unter 20 µm. Auf alle Fälle sorgt die Turbulenz für den erfrischenden Luftaustausch mit höheren Luftschichten. Wir können davon ausgehen, dass in der Troposphäre, der untersten Schicht der Atmosphäre, Luft ab einer Geschwindigkeit von 1 m/s turbulent strömt.

In Innenräumen ruht die Luft weitgehend, Luftgeschwindigkeiten über 0,2 m/s werden auf Dauer als Zug empfunden. Wenn sich Mensch und Tier mit einer Geschwindigkeit von 1 m/s fortbewegen, erzeugen sie Wirbel. Die dabei erzeugten Aufwinde strömen mit 0,2 m/s nach oben. Faserbruchstücke werden so in Schwebe gehalten.

Häusliche Turbulenzerzeuger in Innenräumen finden wir in Form von Begleitströmung von Lüftungsdüsen und Schüttvorgängen und bei thermischen Auftriebseffekten etwa von Kerzen, Kochplatten oder allen Stromverbrauchern.

1.3.2.4 Reibung bei turbulenter Strömung

Bei turbulenter Strömung nimmt die Schubspannung quadratisch mit der Geschwindigkeit zu. Die gleiche quadratische Abhängigkeit kennen wir vom Staudruck. Beide Spannungen wirken in Windrichtung, zerren an Bodenerhebungen oder bereiten das Abheben lose aufliegenden Schmutzes und Grobstaubes vor.

1.3.2.5 Reynolds-Zahl

Die Reynolds-Zahl ist eine Kennzahl der Strömungslehre. In ihr werden zwei Kräfte ins Verhältnis gesetzt, die wesentlich an der Ausbildung eines Strömungszustandes beteiligt sind: Massenkräfte, die uns in diesem Buch häufig in der Gestalt von Fliehkräften begegnen, und Reibungskräfte.

Jedes Strömungsbild lässt sich durch eine Reynolds-Zahl charakterisieren. Dazu reichen Luftgeschwindigkeit und eine typische Abmessung des angeströmten Gegenstandes aus. Bei Kugeln und Fasern genügt der Durchmesser, bei Autos die Höhe, bei einem durchflossenen Rohr der Innendurchmesser. Eine turbulente Strömung sorgt für weiträumige Vermischung der Luft einschließlich ihrer Inhaltsstoffe. Die mathematische Formulierung dieser Kennzahl ist in Tab. 1.5, Z. 2 wiedergegeben. Wirksam wird die Vermischung ab dem Übergang von laminarer zu turbulenter Strömung. Der Umschlag hängt von der Luftgeschwindigkeit und von den räumlichen Abmessungen des betrachteten Objektes ab. Er wird jeweils experimentell ermittelt. Für eine fallende Kugel beginnt die turbulente Umströmung bei Re = 1. In durchströmten Rohrleitungen liegt der Umschlag bei einer Reynolds-Zahl von 2320, wobei als charakteristische Abmessung der Innendurchmesser des Rohres verstanden wird. In der Luftröhre und in den Hauptbronchien strömt die Luft turbulent, in den engen Bronchien dagegen laminar. Im Staubsaugerrohr herrscht stets starke Turbulenz. Mit der Reynolds-Zahl lassen sich alle Strömungszustände eines Fluids beschreiben und Modellversuche planen. Von ähnlichen Strömungsverhältnissen ist auszugehen, wenn das Produkt aus Geschwindigkeit und kennzeichnender Abmessung konstant ist. Soll beispielsweise die Umströmung eines Autos an einem Modell der Größe 1:5 untersucht werden, dann muss das Modell mit der 5-fachen Luftgeschwindigkeit angeströmt werden.

1.4 Besondere Strömungsformen bewegter Objekte

1.4.1 Druckwellen

Von kraftgetriebenen Objekten wie Mensch und Tier oder von ihnen bewegten Gegenständen wie Türen und Abdeckungen gehen Druckwellen aus, die an Wänden reflektiert werden. Die Druckwellen wirken auf abgelagerten Staub ein. Es entsteht eine Walkbewegung, die lose aufliegende Fasern zu Wollmäusen verbindet. Wir haben gesehen, dass bewegte Objekte dieser Art keine ausgebildete Strömung aufbauen, ihre Erscheinung ist vorübergehend; eine solche Strömung wird instationär genannt.

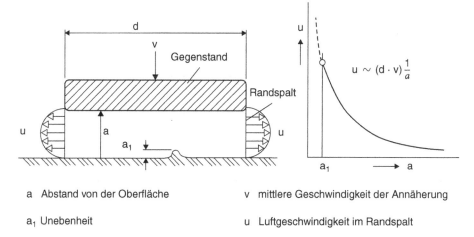

a   Abstand von der Oberfläche   v   mittlere Geschwindigkeit der Annäherung

a_1 Unebenheit   u   Luftgeschwindigkeit im Randspalt

Abb. 1.7 Luftbeschleunigung bei Wandannäherung

1.4.2 Schließen und Trennen

Schließ- und Trennvorgänge werden von instationären Strömungsvorgängen begleitet. Hierbei kommt es zu Geschwindigkeitsspitzen der verdrängten Luft besonders dann, wenn die Bewegungen ohnehin schon schnell ausgeführt werden. Beim Schließvorgang nähern sich zwei Gegenstände bis zur Berührung (vgl. Abb. 1.7). Bei der Trennung entfernen sie sich aus dem Zustand der Berührung. In Abb. 1.7 ist der Schließvorgang einer Platte schematisch dargestellt.

Schließvorgänge beobachten wir beim Absetzen von Lasten, im Moment des Auftretens beim Gehen, beim Ankleiden oder Zudecken beim Schlafengehen. Bei Trennvorgängen läuft der Vorgang in umgekehrter Richtung ab, so beim Anheben von Lasten, beim Gehen, Öffnen und Entleeren von Taschen und Koffern, Auskleiden oder Aufdecken nach dem Schlafen.

Abbildung 1.7 veranschaulicht den Vorgang. Eine Schuhsohle mit der Breite L nähert sich mit der Geschwindigkeit v dem Boden. Die Schließkraft baut sofort ein Druckfeld in Bewegungsrichtung auf. Die Luft wird verdrängt und strömt mit der Geschwindigkeit u aus dem Randspalt seitlich aus. Dabei strömt die Luft umso schneller, je kleiner der Abstand a vom Boden wird. Wären die Berührungsflächen absolut eben, würde die Geschwindigkeit der entweichenden Luft theoretisch unendlich groß. Der Geschwindigkeitsanstieg ist auf der rechten Seite der Abbildung als Kurve dargestellt. Der Anstieg wird begrenzt durch natürliche Unebenheiten; auch glatte Oberfläche haben eine bestimmte Rauigkeit, hier durch die Erhöhung a_1 gekennzeichnet. Beim Trennen kehren sich die Richtungspfeile um. Zu Beginn einer Trennung wird hoher Unterdruck erzeugt, der sich mit der Öffnung des Randspaltes in hohe Einströmgeschwindigkeit umwandelt.

1.4.3 Schütteln und Klopfen

Wenn der Schwanz mit dem Hund wedelt, wissen wir, das Anhängsel bestimmt die Bewegung des Ganzen in unverhältnismäßiger Weise. Das Prinzip wird jedoch real angewandt bei der Entfernung von Staub aus Kleidern, Staubtuch oder Teppich durch Schütteln und Klopfen. Dabei wird die Trägheit der Staubpartikel zur Trennung vom Textil genutzt. Das Textil wird beschleunigt, die Partikel bleiben in der Luft stehen. Eine Masse hat immer das Bestreben, ihren Bewegungszustand beizubehalten, entweder den der Geradeausbewegung oder den der Ruhe. Wenn beim Teppichklopfen das Textil unter Krafteinwirkung plötzlich aus seiner Ruhelage gerückt wird, bleibt der Staub an alter Stelle stehen und wird von Luftwirbeln erfasst. Grobstaub löst sich leicht, Nanostaub bleibt in der Regel an der Oberfläche haften.

Die Trägheitskraft ist wie die Schwerkraft eine Eigenschaft der Masse. In unserer Erfahrung hat sie aber nicht den festen Platz wie die allgegenwärtige Schwerkraft, die nach unten zieht. Die Trägheit der Luft sorgt für den Staudruck vor Hindernissen und verzögert den Aufbau von Strömungsprofilen. Oder universell ausgedrückt: Die Trägheitskraft ist an der Staubbildung beteiligt.

Literatur

Bagnold RA (1941) The physics of blown sand and desert dunes. Chapman & Hall, London, Reprint 1971

Baumgarth S, Hörner B, Reeker J (Hrsg) (2011) Handbuch der Klimatechnik, Bd 1: Grundlagen, VDE Verlag GmbH, Berlin Offenbach

Forschungsprogramm ERL (Energierelevante Luftströmungen in Gebäuden): Dokumentationsreihe für die Praxis (1994) H. 1–7, Zürich

Friedlander SK (2000) Smoke, Dust, and Haze Fundamentals of Aerosol Dynamics, 2 Aufl. Oxford University Press, New York, S 367

Hinds WC (1999) Aerosol technology, properties, behavior and measurement of airborne particles, 2 Aufl. Wiley, New York

Hörner B, Schmidt M (Hrsg) (2014) Handbuch der Klimatechnik. Bd 2: Anwendungen, VDE Verlag GmbH, Berlin Offenbach

Oertel H jr (Hrsg) (2012) Prandtl – Führer durch die Strömungslehre, Grundlagen und Phänomene, 13 Aufl. Springer Vieweg, Wiesbaden

Oertel H jr, Böhle M, Reviol Th (2011) Strömungsmechanik, 6 Aufl. Vieweg + Teubner

Soentgen J (2006) Die Kulturgeschichte des Staubes. In: Soentgen J, Völzke K (Hrsg) Staub-Spiegel der Umwelt. oecom verlag, München

2
Staubentstehung

2.1 Nanostaub und Mikrostaub

2.1.1 Größenbereiche

In Abb. 1.1 konnten wir sehen, wie lange sich Staubteilchen unabhängig von ihrer Herkunft in der Luft aufhalten: Der linke, gerade ansteigende Kurvenabschnitt zeigt die Verweildauer von Nanostaub in der Luft, der rechte, gerade abfallende Abschnitt die Verweilzeit von Grobstaub; die Schwebezeit von Feinstaub zeigt der verbindende Übergangsbereich darüber. Betrachten wir jetzt die Herkunft verschiedener Staubarten, die für Gesundheit und Hygiene von Bedeutung sind (vgl. Abb. 2.1).

Zur besseren Orientierung beginnt die Tabelle mit einer Reihe von Definitionen, die dabei hilft, die Welt des Staubes zu strukturieren. Wir sehen, dass keine Quelle das ganze Größenspektrum von fünf Zehnerpotenzen hervorbringt. Dieselruß liegt danach zwischen 20 und 200 nm, Kohlenstaub zwischen 1 und 100 μm. Es folgen charakteristische Größenangaben aus dem Bereich der Atemwege: Bronchien, Lungenbläschen, Staubzellen. Aufgenommen in die Tabelle wurden auch lungengängige Fasern und Mikroorganismen.

Die Größenangaben hängen auch von den jeweiligen Messmethoden der untersuchten Partikel ab, weshalb man alle Zahlenwerte in eine gewisse Bandbreite einordnen muss. Unter Berücksichtigung dieser Unschärfe soll Nanostaub alle Partikel der Größe 1–1000 nm umfassen. Dabei ist zu berücksichtigen, dass Nanoteilchen in der Luft praktisch erst ab etwa 20 nm frei existieren und bis 200 nm ihr typisches Flugverhalten zeigen.

Bei Partikelgröße 1 μm beginnt der Grobstaub; hierfür ist auch die Bezeichnung Mikrostaub in Gebrauch. Bei 60–80 μm liegt die Sichtbarkeitsgrenze für Einzelpartikel. Sie fällt etwa mit der Schwebstaubgrenze zusammen. Mit dem Übergang in den Millimeterbereich beginnt der schnell nach unten fallende Staub. Im Millimeterbereich beobachten wir die ersten aufhebbaren Verunreinigungen: Textilfäden, leblose Insekten, Papierschnitzel. In der Rei-

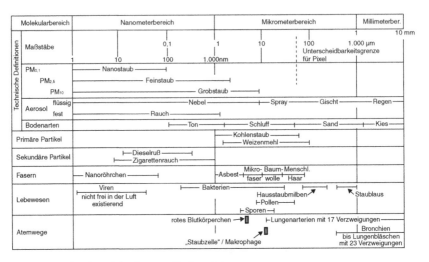

Abb. 2.1 Größenbereiche für Partikel und Atemwege

nigungsbranche wird dieser Größenbereich in der eigenen Kategorie „aufhebbarer Schmutz" geführt – mit anderen Worten: Es handelt sich um Abfall.

Der Nanobereich steht für Partikel, die sich aus gasförmigen Ausgangsstoffen bilden. Sie können schnell bis zur Größe von 1 µm anwachsen. Bei diesem Wert baut sich für feste Nanopartikel eine nicht überschreitbare Schranke für weiteres Wachstum auf. Die Nanoteilchen bleiben unter sich. Ihre Bewegung in der Luft ist, wie wir gesehen haben, der von Gasmolekülen ähnlich (Hinds 1999, S. 154). Sie haben die Fähigkeit, sich in alle Richtungen zu bewegen, sie diffundieren. Größere Partikel folgen der Bewegungsform freier Fall.

Durch mechanische Zerkleinerung lassen sich Nanoteilchen nicht erzeugen. Flüssige Nanopartikel dagegen können selbstverständlich die 1-µm-Schranke überwinden. Beim Anwachsen behalten sie Tropfenform, bis sie abregnen und zunächst die Luft, dann Pflanzen und Kulturobjekte rein waschen. Viren sind zum Größenvergleich in das Diagramm aufgenommen worden; als Staub sind sie nicht unterwegs, allenfalls als Passagiere in ausgestoßenen Tröpfchen.

Grobstaub speist sich aus der Zerkleinerung von Materie. Die mechanische Zerkleinerung stößt im Normalfall ebenfalls bei einer Partikelgröße von 1 µm an ihre Grenze. Weitere Zerkleinerungsversuche ließen die entstehenden Partikel sofort wieder „zusammenbacken" oder miteinander verschmelzen. Aus Grobstaub wird kein Nanostaub. Das Problem ist die Energiezufuhr im Mikrobereich. Im speziellen Fall der Kaltmahlung von spröden Stoffen sind Partikel bis 0,1 µm möglich, wie sie bei der Reibung von Gletschereis über Granitgestein beobachtet werden kann. Hierbei bildet sich Ton, der bei der Windverfrachtung am Aufbau von Lössböden beteiligt ist. Die universelle Beweglichkeit der Gasmoleküle und Nanoteilchen geht für Grobstaub verloren. Ursache ist die mit der Größe der Partikel zunehmende Masse. Die Schwerkraft zieht sie nach unten.

So vielseitig wie das Staubgeschehen ist die Benennung der Teilbereiche. In der allgemeinen Nomenklatur werden Partikel aus gasförmigen Ausgangsstoffen als sekundäre Partikel, solche aus Zerkleinerung als primäre Partikel bezeichnet. Beim Begriff Aerosole denken wir intuitiv an Tröpfchen in Luft. In der Literatur werden Aerosole umfassend als Gemisch aus festen und flüssigen Partikeln in Gasen gesehen, eine aus physikalischer Sicht zweckmäßige Festlegung. Beim Flugverhalten spielt der Aggregatzustand keine Rolle.

2.1.2 Oberfläche

Im Zusammenhang mit der riesigen Größenspannweite des Schwebstaubes ist eine Energiebetrachtung angebracht, die sich auf die Oberfläche der Partikel bezieht. Die an der Oberfläche angeordneten Moleküle streben danach, ins Innere der Materie zu gelangen, ins Innere eines Tropfens oder in die Mitte eines zerklüfteten Staubkorns. Kollidierende Nanopartikel schließen sich zusammen und minimieren ihre Oberfläche, ein von der Natur begünstigter, weil energieärmerer Zustand. Diese eher weniger geläufige Energieform formt aus Flüssigkeiten Tropfen und würde Staubteilchen zu Kugeln formen, wenn man dafür genügend Zeit ließe oder wenn man sie bis nahe Schmelztemperatur erwärmte. Der Vorgang ist langsam und wirkt sich deshalb eher in abgelagertem Staub aus, der mit der Zeit zu plättchenartigen Gebilden zusammenbackt (Hinds 1999, S. 144). Neben der Oberflächenspannung sind dabei auch Diffusionsvorgänge im Feststoff unter gleichzeitiger Wirkung Van der Waals'scher Anziehungskräfte beteiligt. Das Verklumpen von Schüttgütern ist ein Werk dieser Einflussgrößen.

Kleine Partikel haben eine auf das Gewicht bezogen große Oberfläche. Sie bieten mit dieser großen Oberfläche viel Platz für die Absorption von Schadgasen.

2.2 Der Weg über gasförmige Ausgangsstoffe – Sekundäre Partikel

2.2.1 Gas

2.2.1.1 Chemische Reaktion

Für die Umwandlung gasförmiger Ausgangsstoffe in ein Aerosol gibt es zwei Möglichkeiten: chemische Reaktion und Kondensation. Beide Vorgänge können jeweils für sich oder – meist in schneller Folge – nacheinander ablaufen.

Zu den besonders reaktionsfähigen Gasen der Atmosphäre zählen die schädlichen Umweltgase NO_x, H_2SO_4, NH_3 und Ozon. Weitere Reaktionsteilnehmer sind die endlose Zahl flüchtiger organischer Verbindungen. Durch Höhenstrahlung werden sie in Reaktionsbereitschaft versetzt, sodass in der Luft ein ständiges Niveau von 1000 reaktionsbereiten Ionen/cm³ vorhanden ist (Gail und Hortig 2004, S. 53). Die entstehenden Stoffe fallen in der Regel als winzige Flüssigkeitströpfchen oder Feststoffpartikel aus. Die Atmosphäre kann als größter Reaktor der Welt angesehen werden.

Idealerweise verbrennt Heizgas zu Wasser und Kohlendioxid, und zwar jeweils gasförmig. Ob Gasherd oder Gasgrill, offene Flammen brennen nie rückstandsfrei ab. Je nach Führung der Verbrennung entstehen mehr oder weniger große Mengen Schadgas und Ruß. Gelb leuchtende Flammen deuten auf glühenden Ruß hin. In einer Flamme stoppt schnelle Abkühlung den Verbrennungsprozess. Zurück bleiben halb verbrannte Kohlenwasserstoffe und Rußpartikel in einem unheilvollen Gemisch. In gestörten, flackernden Flammen verstärkt sich der Effekt und die unvollständige Verbrennung wird gut sichtbar. Rußpartikel mit hohem Flüssigkeitsanteil können sich zu grobkörnigem Aerosol zusammenschließen und so über das Nanoformat hinauswachsen.

2.2.1.2 Kondensation

In der Atmosphäre sollte überschüssiger Wasserdampf leicht zu Wassertropfen kondensieren. Aber Achtung, selbst bei Übersättigung der Luft ist die Tropfenbildung aus Wasserdampfmolekülen zunächst behindert. Sollten sich zufällig Wasserdampfmoleküle zu einem sehr kleinen Nanotröpfchen, einem Cluster, zusammenschließen, hätte das Minitröpfchen einen so hohen Dampfdruck, dass es sofort wieder verdampfte (Kelvin-Effekt). Die Keimbildung aus sich heraus, die Nukleation, funktioniert nicht (Gail und Hortig 2004, S. 36).

Ab einer Größe von 100 nm werden Staubpartikel stabil, das Gleiche gilt auch für Nebelpartikel. Die Kondensation auf bereits in der Atmosphäre vorhandenen Partikeln mit vergleichsweise glatten Oberflächen funktioniert bestens, wie die von Verkehrsflugzeugen erzeugten Linienwolken beweisen.

Die oben erwähnten Umweltgase fördern die Keimbildung aus Wasserdampf aufgrund ihrer Löslichkeit in Wasser. Die Folge sind saure Nebel, die unseren Bronchien zusetzen.

Bei ausreichend hoher Sättigung der Luft mit Wasserdampf überschreiten die Nanotröpfchen die 1-μm-Marke und wachsen weiter an. Im Fallen nehmen sie kleinere, langsamer fallende Tröpfchen auf, bis sie als millimetergroße Regentropfen den Boden erreichen.

2.2.2 Flüssigkeit

Der Verbrennung von Flüssigkeit geht ihre Verdampfung voraus. Die erforderliche Verdampfungswärme liefert die Flamme selbst. Der Sauerstoff der Luft diffundiert langsam zur Flammenfront, wo er verbraucht wird. Die langsame Sauerstoffversorgung der Flamme bremst die schnelle Verbrennungsreaktion und es kommt wegen Sauerstoffmangel leicht zu unvollständiger Verbrennung mit Rußbildung. In Benzin und besonders in Dieselmotoren entstehen trotz aller Entwicklungsarbeiten zur besseren Vermischung der Ausgangsstoffe erhebliche Mengen Rußpartikel. Bei Sprengstoffen gibt es keine „Diffusionsbremse"; sie reagieren nach Zündung spontan ab, weil der Sauerstoff im Brennstoff chemisch gebunden ist.

Im Dieselmotor entstehenden Nanopartikel. Zuerst bilden sich kugelförmige Rußpartikel von 25 nm Durchmesser, die idealerweise aus Grafitblättchen aufgebaut sind (vgl. Abb. 2.2). Grafit besteht aus Kohlenstoff. Während der Verbrennung entsteht auch eine breite Palette schwerflüchtiger Kohlenwasserstoffe, die in die Kristallstruktur eingebunden werden und unsere Gesundheit massiv gefährden.

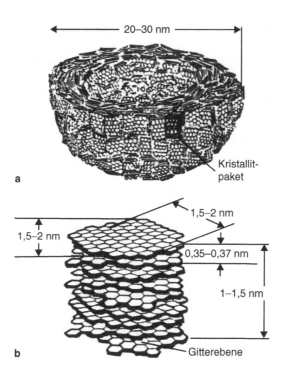

Abb. 2.2 Aufbau eines Rußpartikels. **a** Primärpartikel. **b** Kristallitpaket aus Grafitschichten. (Nach Haepp 1987)

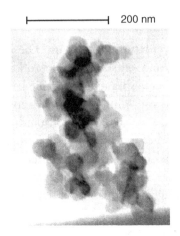
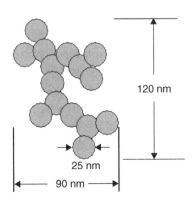

Abb. 2.3 Agglomerat von Dieselrußpartikeln, elektronenmikroskopische Aufnahme und Modell. (Nach Metz 2000)

Die kugelförmigen Primärpartikel schließen sich umgehend zu ausgedehnten traubenförmigen Gebilden, Agglomeraten, zusammen mit einer Ausdehnung von 100–200 nm (vgl. Abb. 2.3). Die Vorgänge laufen sehr schnell nacheinander ab; Keimbildung (Nukleation) und Zusammenschluss (Agglomeration) dauern nur etwa 2 ms, danach ist das Abgas fertig (Jing 1997, S. 11).

Die Anzahl kleiner Teilchen nimmt zugunsten größerer rasch ab, ein typisches Verhalten für Nanopartikel (Friedlander 2000, S. 8). Mit zunehmender Verdünnung hinter dem Auspuff verlangsamt sich der Vorgang zusätzlich (Gruber 2002, S. 130). Ein Benzinmotor emittiert nur etwa ein Zehntel der vom Dieselmotor abgegebenen Partikelzahl. Die Reduzierung der Partikelanzahl in der Luft hat auf die Luftqualität zunächst keinen Einfluss, denn die Gesamtmasse aller Schadpartikel bleibt gleich (vgl. Tab. 2.1).

Tab. 2.1 Abnahme der Partikelzahl durch Zusammenschluss modifiziert nach Friedlander (2000) Tab. 1.1

Partikel pro cm³ Luftraum		Zeitdauer, in der sich die Partikelzahl auf 1/10 reduziert	
10^{10}	–	1,2	Sek.
10^{9}	Brennraum Dieselmotor	12	Sek.
10^{8}	Auspuff Dieselmotor	2	Min.
10^{7}	–	10	Min.
10^{6}	Ballungsgebiete	3,5	Std.
10^{5}	Stadtluft	34	Std.
10^{4}	Landluft	–	
10^{3}	Saubere Landluft	–	

2.2.3 Feststoff

Bei der Verbrennung von Feststoffen unterhalten ausgetriebene Gase die Flammen. Die Rußbildung ist wegen der unregelmäßigen Flammenführung noch größer als bei der Verbrennung von Flüssigkeiten. Sprichwörtlich leuchtende Beispiele sind offener Kamin, Waldbrand, Schadensfeuer. Auch der Glimmbrand von Zigaretten gehört in diese Reihe. Ein gemütlich anmutender Kerzenschein verströmt Ruß gleichmäßig in den Raum, bei leisem Luftzug verstärkt sich die unvollständige Verbrennung und wird sichtbar.

Sehr feinteilige Partikel entstehen beim Schweißen und Brennen von Metallen. Im Lichtbogen verdampft ein Teil des Metalls. Die Reaktionsprodukte desublimieren, sie gehen unter Umgehung des flüssigen Zustandes direkt in die feste Form über. Metallrauche bestehen aus sehr feinteiliger Metallasche. Schnelle Abkühlung von hoher Temperatur fördert die Bildung feinster Partikel. Genügend Zeit zur Bildung größerer Kristalle bleibt nicht. Die erforderliche Energie für die hohen Temperaturen wird in der Regel durch elektrischen Strom aufgebracht.

Bei Vulkanausbrüchen wird heiße Lava in die Luft geschleudert, auch dabei ist mit Feinstaub zu rechnen. Der Ascheregen aus gebrochenem Material zeigt ein riesiges Größenspektrum von Partikeln > 1 μm.

2.3 Zerkleinerung fester und flüssiger Ausgangsstoffe – Primäre Partikel

2.3.1 Beanspruchungsmechanismen

Die mechanische Zerkleinerung von Feststoffen und die Zerstäubung von Flüssigkeiten stößt bei der Partikelgröße 1 μm an ihre Grenze. Unterhalb dieser Marke zeigen die Partikel Haftkräfte, die sie nach einer Trennung wieder zusammenschweißen. Bei der bereits erwähnten Kaltmahlung spröder Stoffe lassen sich Partikelgrößen bis 0,1 μm erreichen. Auch absolut trockenes, sprödes Gestein kann zu Partikeln unter 1 μm aufgespalten werden, wie Bilder von aufgefangenem Wüstenstaub belegen (vgl. Abb. 2.4).

Es lassen sich vier Zerkleinerungsmechanismen unterscheiden. Bei drei von ihnen wirken Kräfte eher statisch gegeneinander: Druck (Zug), Reibung und Schnitt. In Abb. 2.5 sind alle Mechanismen schematisch dargestellt (Stieß 1997, S. 235). Beim vierten Mechanismus wird die Zerkleinerungswirkung durch Prall, Schlag oder Stoß erzielt, d. h. durch Einsatz kinetischer Energie – denken Sie an die Kraftentfaltung beim Hammerschlag. Viele motorgetriebene Maschinen nutzen diesen Beanspruchungsmechanismus, wie beispielsweise Bohrer, Schlagbohrer oder Sägen. Bei offener Arbeitsweise hüllt sich jeder Zerkleinerungsvorgang in eine Wolke unvermeidlichen, flugfähigen Feinstaubs.

Abb. 2.4   Saharastaub auf Filter. (Nach Coudé-Gaussen 1991)

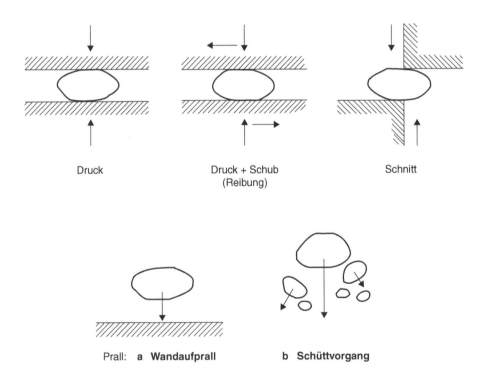

Druck

Druck + Schub
(Reibung)

Schnitt

Prall: **a Wandaufprall**

b Schüttvorgang

Abb. 2.5 Beanspruchungsarten beim Zerkleinern. (Modifiziert nach Stieß (1997) Abb. 10.1.8)

2.3.2 Depotstaub

Wir wissen, dass bei entsprechender Vorkehrung die Staubentwicklung gebremst werden kann. Physikalisch betrachtet laufen zwei Vorgänge unmittelbar nacheinander ab: Abtrennung der Partikel aus einem festen Verband und Eintrag in die Luft. Bei der Zerkleinerung steht in der Regel die umgebende Luft zur Übernahme des Schwebstaubes bereit. Unter „Luftausschluss" erzeugter Staub sammelt sich am Ort seiner Entstehung und bleibt als Depotstaub unter Verschluss. Wir sind von vielen Staubdepots umgeben: Zucker und Mehl in Tüten, Koffer- und Tascheninhalt, Kleidung, Betten. Beim Öffnen der Depots wirbelt der angesammelte Staub ins Freie. Mit Flüssigaerosolen lassen sich naturgemäß keine Depots anlegen, bei Kontakt mit Oberflächen haften sie fest.

2.3.3 Druck

Mit unseren Schuhen üben wir Druck auf den Boden aus, zerdrücken Schmutzklümpchen und lösen Fasern aus Teppichboden. Auf die gleiche Weise wirken die Räder unserer Fahrzeuge. Schließ- und Trennvorgang (vgl. Abb. 1.7) lösen sich in schneller Folge ab. Besonders bei der Trennung sorgt die einströmende Luft für die sofortige Ausbreitung des zerkleinerten Gutes. Physikalisch gesehen geht die zerkleinernde Wirkung des Druckes auf das Wirken lokaler Zugspannungsspitzen zurück, die den Bruch einleiten.

2.3.4 Reibung

2.3.4.1 Haftreibung

Von Reibung sprechen wir, wenn Anpresskraft und Querkraft gleichzeitig wirken. Das Material wird der Belastung von Druck- und Scherspannungen ausgesetzt. Es gibt zwei Varianten: Haft- und Gleitreibung; beide sind für die Staubbildung von Bedeutung. Bei der Haftreibung verschieben sich die Oberflächen nicht gegeneinander. Bei beiden Beanspruchungen können große Mengen Staub aus den Berührungsflächen gelöst werden. Die Haftreibung „arbeitet" zunächst fürs Depot. Jede aktive Fortbewegung nutzt die Haftreibung: Mit Schuhen stoßen wir uns beim Gehen ab. Mit den Antriebsrädern üben Fahrzeuge Traktion auf den Boden aus, denn die Räder sollen ja nicht durchdrehen und in Gleitreibung übergehen.

2.3.4.2 Gleitreibung

Gleitreibung ist ständiger Begleiter unserer Bewegungen (vgl. Abb. 2.5). Bei einem sitzenden Menschen im Straßenanzug ist die Reibung der Kleidung zwar

Abb. 2.6   Sanduhr. © Schweitzer E, www.fotosearch.de, (Sanduhr) with permission

minimal, dennoch steigen pro Sekunde 5000 Partikel von ihr auf. Beim normalen Gehen sind es bereits 60.000 Grobstaubpartikel pro Sekunde (Gail und Hortig 2004, S. 88). Auch bei Kissenschlachten sorgt Reibung für dichte Wolken aus Grobstaub. Reibung unter Luftausschluss füllt die Staubdepots gewaltig auf, beim Trennvorgang entlädt sich das Depot in die Luft. Zu Staubmühlen mit Depotcharakter gehören neben den bereits genannten Beispielen auch Sitzmöbel und Gardinen. Bei Luftzufuhr werden die Depots geleert; dazu gehören auch Schüttvorgänge von Massengütern wie Baumaterial oder Bauschutt und in der häuslichen Umgebung Mehl und Zucker. Die Einkapselung der Schüttumgebung hält die Staubausbreitung unter Kontrolle (vgl. Abb. 2.6).

2.3.5 Schneiden

Flächiges Material wie Textil, Pappe oder Papier wird mit der Schere längs einer Linie wirkender Querkraft belastet. Die dabei im Material wirkende Scherspannung übersteigt schnell die Festigkeit des Materials. Langsam ablaufende Schneidvorgänge zerkleinern Material mit relativ geringer Staubentwicklung. Bei größerer Materialstärke arbeiten die Schneidwerkzeuge mit hoher Geschwindigkeit. Für die Zelluloseherstellung werden Baumstämme unter ohrenbetäubendem Getöse zu Schnitzeln zerhackt. Der Schneidvorgang wird mit der Prallzerkleinerung kombiniert.

2.3.6 Prall, Schlag

Bei Prallzerkleinerung treffen die Materialien mit größerer Geschwindigkeit aufeinander. Schnelläufige Werkzeugmaschinen wie Sägen oder Schleifscheiben reißen Partikel aus dem Werkstoff und schießen sie in die Luft; die kleinsten Partikel gehören zum Schwebstaub. Das Ausgangsmaterial wird dabei hohen Scherkräften ausgesetzt, die aus der kinetischen Energie der Werkzeuge gezogen werden. Auch Wind kann Energielieferant für Prallzerkleinerung sein. Wenn er über Sanddünen strömt und Sandkörner aufwirbelt, prallen sie fortwährend gegeneinander, bis sie zu Schwebstaubgröße zerfallen (vgl. Abb. 2.4). Bei Schüttvorgängen prallen schnell fallende große Körper auf langsamer fallende kleine.

2.3.7 Thermische Spannung

Tageszeitliche Temperaturwechsel erzeugen Spannungswechsel, die zur Materialermüdung führen, auch bei Felsgestein, das letztlich daran zerbricht. Frost verstärkt den Effekt. Der Bruch tritt erst allmählich nach vielen Belastungswechseln ein, weshalb das Phänomen der Verwitterung zugeordnet wird. Die Prallzerkleinerung von Wüstensand wird durch Thermospannungen verstärkt.

2.3.8 Verwitterung

Alle Gegenstände der Erde sind ständig Änderungen ihres Energiezustandes ausgesetzt. Strahlung der Sonne, Wind, Regen, Frost, biologischer und chemischer Abbau nagen an dem vertrauten Erscheinungsbild der Materie. Alles ist der Verwitterung preisgegeben, ein langsamer, aber stetig fortschreitender Prozess, der auch beim Staub endet. In Trockengebieten verwittern durch Thermospannung und Sandstürme gewaltige Mengen Gestein, die durch den Ferntransport des Windes über die ganze Erde verteilt werden.

2.4 Ablösung anhaftenden Staubes

2.4.1 Haftmechanismen

Ein Partikel hält sich nur deshalb an einer Oberfläche auf, weil es von einer Haftkraft dort festgehalten wird. Von selbst kann ein Staubpartikel nicht in die Luft aufsteigen. Es kann erst abheben, wenn eine ablösende Kraft die Haftkraft übersteigt. Für das Festhalten an der Oberfläche gibt es eine Reihe von Mechanismen (Stieß 1997, S. 191). Eine Zusammenstellung der Mechanismen zeigt Abb. 2.7. Am wirksamsten ist eine stoffliche Bindung zwischen Oberfläche und Partikel (vgl. Abb. 2.7a). Von den Haftkräften ohne stoffliche Bindung ist die Schwerkraft die bekannteste (vgl. Abb. 2.7b). Sie wirkt nach unten und hält Partikel auf waagrechten Ebenen fest, z. B. auf Fußboden, Tisch oder Schrank. Alle anderen Haftkräfte können in jede Richtung

a mit stofflicher Bindung

auskristallisierte Stoffe

Flüssigkeitsbrücke

Adsoptionsschicht < 3 µm

b ohne stoffliche Bindung

Schwerkraft

elektrischer Isolator

Van-der-Waals-Kräfte

c formschlüssige Verbindung

Abb. 2.7 Haftmechanismen zwischen Partikel und Oberfläche. **a** mit stofflicher Bindung, **b** ohne stoffliche Bindung, **c** formschlüssige Verbindung. (Nach Stieß (1997) Abb. 9.2.1)

wirken. Eine dritte Gruppe ist für formschlüssige Verbindungen reserviert. Hierzu gehören in der Stoffstruktur verhakte Fasern (vgl. Abb. 2.7c).

Damit Sie sich eine Vorstellung von der Größe der Haftkräfte machen können, wird ein Kunstgriff angewandt. Dabei werden die Haftkräfte nach Van der Waals, elektrostatische Anziehungskräfte und Haftkräfte aufgrund von Flüssigkeitsbrücken mit der Schwerkraft des Partikels verglichen (vgl. Abb. 2.8). Eine Flüssigkeitsbrücke entsteht, wenn eine benetzende Flüssigkeit ein Partikel an die Oberfläche bindet. Sie können dabei beobachten, dass am Auflagepunkt des Partikels Flüssigkeit etwas nach oben zieht. Im Bereich des Auflagepunktes bildet sich eine mit Zwickelflüssigkeit gefüllte Flüssigkeitsbrücke, die für intensive Haftung sorgt. Das Vergleichspartikel sei eine Kugel, die von jeweils einer dieser Haftkräfte an der Decke hängend festgehalten wird. Die Gewichtskraft versucht, die Kugel zum Fallen zu bringen. Als Maßstab für den Kräftevergleich wird das Verhältnis von Haftkraft zu Gewichtskraft gewählt, dargestellt als Ordinaten in Abb. 2.8. Beim Verhältnis 1 sind beide Kräfte dem Betrage nach gleich groß, die Kugel bleibt gerade an der Decke hängen. Ist das Verhältnis > 1, bleibt die Kugel weiter an der Decke hängen, die Haftkraft übersteigt das Gewicht der Kugel. Bei einem Verhältnis < 1 fällt die Kugel nach unten. In der Darstellung werden Teilchen zwischen 1 µm und 10 mm berücksichtigt (Stieß 2009, S. 76).

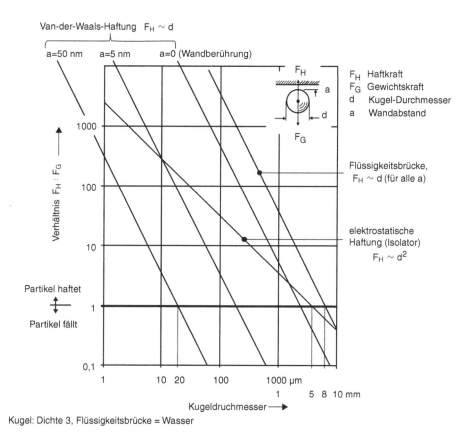

Kugel: Dichte 3, Flüssigkeitsbrücke = Wasser

Abb. 2.8 Vergleich von drei Haftkräften mit der Gewichtskraft. (Modifiziert nach Stieß (2009) Abb. 2.30)

Jeder Haftmechanismus wird durch eine Kurve dargestellt. Die Van-der-Waals-Haftung ist mit drei Kurven vertreten, weil die Haftung mit der Wandannäherung a stark ansteigt. Betrachten wir in Abb. 2.8 die Van-der-Waals-Kurve, bei der die Kugel einen Rauigkeitsabstand zur Decke von 50 nm aufweist. Die Kurve a = 50 nm schneidet die Waagrechte durch den Ordinatenwert 1 bei Partikelgröße 20 µm. Ein Partikel dieser Größe bleibt gerade an der Decke hängen. Kleinere Kugeln haften zunehmend fester an der Decke, größere fallen nach unten. Für ein Partikel von 1 µm übersteigen nach der gleichen Kurve die Haftkräfte das Gewicht des Teilchens um weit über das 100-fache. Wir können daraus schließen, dass Partikel < 10 µm so stark auf Oberflächen haften, dass sie kaum zu entfernen sind. Solche Partikel tragen wesentlich zur Vergrauung von Oberflächen bei. Denken Sie an die Partikelmessgröße PM_{10}. Alle Partikel dieses Bereichs haften beim Auftreffen auf Oberflächen dauerhaft fest.

In Abb. 2.8 ist eine Kurve für den Wandabstand a = 0 eingetragen, die Kugel berühre die Wand ohne Rauigkeitsabstand. Unter diesen Bedingungen müsste sogar eine 1 mm große Kugel an der Decke hängen bleiben. Die Oberflächenrauigkeit beider beteiligter Oberflächen lässt die notwendige Annäherung für eine solche Kraftentfaltung nicht zu. Die maximale Haftung feiner Partikel wird erst nach Stunden erreicht. In dieser Zeit ziehen die Haftkräfte sie näher zur Oberfläche, wobei auch Kontaktspitzen abgebaut werden.

Die Kurve für den Fall der Zwickelflüssigkeit hat den gleichen Anstieg wie die Kurven der Van-der-Waals-Haftung. Die Haftwirkung ist vergleichsweise sehr hoch. Mit Zwickelflüssigkeit haften nach dem Diagramm Kugeln bis 8 mm Durchmesser.

Die Kurve der elektrostatischen Haftung verläuft weniger steil. Das bedeutet einerseits, dass feine Teilchen nicht so fest haften, dafür große Partikel, relativ gesehen, umso besser. Unter optimalen Bedingungen haften aufgeladene 5-mm-Kugeln an der Decke fest.

2.4.2 Windkräfte

Wind steuert mit Winddruck, dynamischem Auftrieb und Turbulenz drei Komponenten zur Ablösung des Staubes von Oberflächen bei. Als Winde werden hier solche atmosphärischen Ursprungs oder Fahrtwinde verstanden, beide können erhebliche Lösekräfte entwickeln (vgl. Tab. 1.2). Beide Komponenten sind Bestandteile der nach Bernoulli benannten Energiegleichung. Als dritte Komponente kommt die Turbulenz als Folge der Luftreibung hinzu.

Das Zusammenspiel der Kräfte ist an einer Sanddüne gut zu beobachten. Der Winddruck versetzt mit Unterstützung des dynamischen Auftriebs die Sandkörner zunächst in rollende Bewegung, dann beginnen sie über Hindernisse zu springen, bis sie von Turbulenzballen der Luft nach oben getragen werden. Nach einem parabelförmigen Flug schlagen die Sandkörner auf dem Boden auf und setzen zusätzlich andere Körner in Bewegung. Beim Befahren ländlicher Wege entwickelt sich das bekannte Phänomen der Staubwolke.

Wegen der starken Haftung kleiner Staubpartikel kommt dieser Mechanismus erst für größere Staubpartikel in Gang. Nano- und Feinstaub unter 10 µm bleibt dagegen liegen. Auch hohe Luftgeschwindigkeit kann den feinen Staub nicht ablösen, wie wir an der Staubschicht auf der Karosserie unseres Autos beobachten. Der Mechanismus greift auch bei Abfall auf Straßen und Plätzen. An flächenartigen Gebilden wie herabgefallenen Blättern kann der dynamische Auftrieb besonders angreifen.

Staub und Schmutz liegt meist mit einigen Rauigkeitsspitzen auf der Oberfläche auf und hat so weniger Kontaktstellen zur Oberfläche. Einzelteilchen schließen sich zu blättchenartigen Gebilden zusammen. Wind kommt so leichter unter die Partikel, die sich einfacher von der Oberfläche lösen lassen (Hinds 1999, S. 144).

In Innenräumen bleiben schnelle Bewegungen innerhalb der Windstärke 1, das bedeutet, die Windgeschwindigkeiten schwanken zwischen 0,3 und 1,6 m/s (vgl. Tab. 1.2). Wir wissen, dass die Aufwärtskomponente turbulenter Strömung 20 % der Windgeschwindigkeit beträgt, also im Falle der Innenraumluft maximal 0,32 m/s. In Kap. 3 werden wir sehen, dass sich Partikel von 100 µm dabei in Schwebe halten können (Bagnold 1941).

Bei höheren Windgeschwindigkeiten steigen auch größere Partikel auf. Ab Windstärke 2 sollte der Staubgehalt der Außenluft den der Innenluft übersteigen, vorausgesetzt, in der Natur ist es vergleichbar trocken. Nach Regen ist das nicht der Fall. Der Schwebstaub der atmosphärischen Luft ist ausgewaschen und die Zwickelflüssigkeit des Regenwassers bindet den Staub an Boden, Pflanzen und unsere Kulturbauten. Wir können befreit tief durchatmen!

In der Praxis wird die Schwebstaubgrenze bei Windstärke 5 und feinstem Sand der maximalen Korngröße von 60 µm gesehen. Unter diesen Bedingungen hält sich der feine Sand in Schwebe. Bei 80 µm beginnen die feinkörnigsten Sanddünen (Bagnold 1941, S. 6).

Auf Äckern sorgt Wind für Landverfrachtung von über 100 t/ha und Jahr mit entsprechendem Düngerentzug (Bach 2008, S. 94). Lösslandschaften, als fruchtbare „Börden" bekannt, sind das Ergebnis von Landverfrachtungen nicht allzu ferner, eiszeitlicher Epochen.

In Trockenzonen verwittertes Gestein wird mit Höhenwinden weltweit verteilt. Was uns als lästiger Saharastaub auf Autos und Fensterbänken stört, bedeutet für Ozeane und Regenwälder lebenswichtigen, eisenhaltigen Dünger.

2.4.3 Fliehkräfte

Der Einsatz von Fliehkräften ist ein probates Mittel, Partikel von der Oberfläche zu lösen. Ausschütteln und Klopfen sind die bekanntesten Beispiele. Beide Vorgänge sind mit Bewegung verbunden und werden deshalb von Fahrtwind begleitet. Nach der Ablösung durch die Wirkung der Fliehkraft übernimmt er die Verteilung des Staubes in der Umgebung.

Fliehkräfte sind Trägheitskräfte, die bei der Beschleunigung des Staubträgers erwachen. In Ruhestellung existieren sie nicht. Durch Einsatz von Muskel- oder motorischer Kraft wird der Staubträger einschließlich Staubkorn in beschleunigte Bewegung versetzt (vgl. Abb. 2.9). Solange die Haftkraft ausreicht, bewegen sich Träger und Partikel mit derselben Geschwindigkeit.

Nach dem Prinzip *actio = reactio* wirkt die Trägheitskraft der beschleunigenden Kraft genau entgegen. Übersteigt die am Teilchen wirkende Trägheitskraft die Haftkraft, kommt es zur Ablösung. Das Partikel behält die Geschwindigkeit

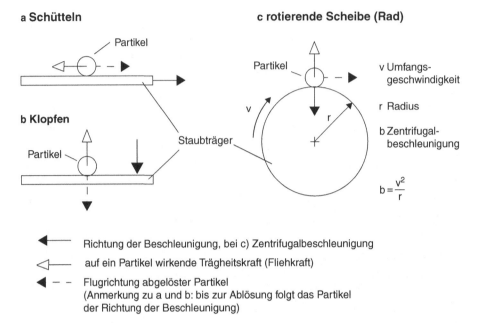

Abb. 2.9 Partikelablösung durch Fliehkraft. **a** Schütteln, **b** Klopfen, **c** rotierende Scheibe (Rad)

vom Moment der Ablösung bei. Je größer die Beschleunigung, desto höher die Ablösekraft. Die Trägheitskraft belastet natürlich auch das Trägermaterial, sei es ein Staubtuch oder sonstige Materialstrukturen. So wird die Fliehkraftreinigung durch die Festigkeit des Staubträgers begrenzt. Feinste Partikel bleiben auch bei dieser Ablösemethode haften.

Da die Trägheitskraft eine Massenkraft ist, lassen sich schwere Partikel leichter abschütteln als leichte. Im Verhältnis zur geringen Masse des Staubes wird für die Bewegung des Trägers relativ viel Energie eingesetzt.

Die schnelle Bewegungsänderung kann auch aus der Ruhelage heraus erfolgen wie beim Klopfen von Teppich und Polster. Die Beschleunigungswege sind hierbei kurz und senkrecht zur Oberfläche gerichtet. Die Trägheitskraft erzeugt Zugspannung zwischen Partikel und Träger (vgl. Abb. 2.9b). Ausschütteln von Textilien ermöglicht längere Beschleunigungswege längs der Oberfläche. Die Trägheitskraft erzeugt Schubspannung (Abb. 2.9a). Das Arbeitsprinzip ist gewohnter Bestandteil der Reinigung, wird aber wegen seiner Staubfreisetzung zunehmend durch andere Arbeitsweisen ersetzt.

Ein angetriebenes Rad befindet sich funktionsbedingt in beschleunigter Bewegung. Das Besondere am Rad ist die Richtung der Beschleunigung. Sie wirkt als Zentralbeschleunigung zur Achse des Rades hin (vgl. Abb. 2.9c). Auf alle Teile des sich drehenden Rades wirkt die Fliehkraft, nach außen zunehmend. Das gilt auch für ein mit dem Rad umlaufendes Staubkorn. Übersteigt die Fliehkraft die Haftung, fliegt das Partikel in tangentialer Richtung davon, der

Träger folgt weiter der Kreisbahn. Die Wege von Partikel und Träger haben sich getrennt. Die Beschleunigung der Kreisbewegung lässt sich genau berechnen. Sie kann genutzt werden, um die Ablösekraft haftender Partikel zu bestimmen (Hinds 1999, S. 144).

Räder sind Erzeuger großer Mengen Grobstaubs. Fahrzeugreifen üben Druck und Traktion auf die Straße aus; dabei lösen sich Partikel, die von der Fliehkraft der Räder in die Umgebung geschleudert werden. Rotierende Arbeitsmaschinen sind oft sehr hochtourig. Der Zahn einer Kreissäge trennt Partikel ab, beschleunigt sie und schickt sie auf eine tangentiale Flugbahn, sie werden regelrecht in die Luft geschossen. Schleifscheiben tragen viel Energie in das Werkstück ein. Fliehkräfte verwandeln das abgetragene Material in eine Staubfontäne.

In unserer Vorstellung treten Fliehkräfte bei Kreisbewegungen auf, etwa bei Karussell, Rad oder rotierender Arbeitsmaschine. Die Fliehkräfte sind mit einer genau definierten Zentrifugalbeschleunigung verknüpft (vgl. Abb. 2.9c). Die Beschleunigungen beim Schütteln und Klopfen sind eher unbestimmt. Die so hervorgerufenen Kräfte werden in der Fachliteratur neutral als Trägheitskräfte bezeichnet. Wegen ihrer Partikel ablösenden Wirkung wird für sie hier die anschauliche Bezeichnung Fliehkräfte übernommen.

Es zeigt sich, dass bei der Staubentstehung eine Reihe von Einzelvorgängen ineinandergreifen. Beim Gehen und Rollen von Fahrzeugrädern lösen sich die Vorgänge Schließen, Druck, Reibung, Trennung und Beschleunigung in schneller Folge ab und sorgen so im Wechsel für Herstellung und Verteilung von Staub. Beim Kehren und Bürsten wird die Partikelablösung durch Reibung mit der Fliehkraft zurückschnellender Borsten kombiniert. Praktischer Rat zur Fliehkraft: Vor dem Staubwischen Tuch ausschütteln und Schleifspuren durch harte Partikel vermeiden.

2.4.4 Flüssigkeitszerstäubung

Wie bei der Zerkleinerung von Feststoffen wird auch bei der Zerstäubung von Wasser und anderer Flüssigkeiten Energie verbraucht. Sie wird zur Schaffung neuer Oberfläche benötigt. In der Regel werden die Flüssigkeiten mit Hilfe von Luft- oder Wasserdruck verdüst. Durch Reibung und schwingungsbedingten Strahlzerfall entstehen auch hierbei Tropfen > 1 μm.

Wind erzeugt auf dem Umweg über sich überschlagende Wasserwellen Gischt mit einem breiten Größenspektrum der abgelösten Tropfen. Parallelen zur Prallzerkleinerung sind naheliegend. Die dabei entstehende Tropfengröße bleibt in der Regel > 1 μm. Salzhaltige Meeresgischt steigt über den Ozeanen auf, die Tropfen trocknen ein und sammeln sich als Kondensationskeime in der Atmosphäre. In feuchter Luft wachsen sie zu alter Größe an und regnen ab.

2.5 Biogener Staub

2.5.1 Lebendiges

Das ortsfeste System der Pflanzen nutzt den Lufttransport zur Befruchtung und Verbreitung der Art. Runde Pollen wachsen zu einer Größe von 10–100 µm heran; auch bei moderater Windstärke eignen sie sich für den Lufttransport. Pilzsporen sowie die meist schweren, aber mit Flughilfe ausgestatteten Samen der Pflanzen überwinden größere Distanzen. Nach Messungen steuert der Mensch in der Minute 8000 luftgetragene Bakterien zum Lebendigen in der Luft bei (Gail und Hortig 2004, S. 219). Die beim Husten ausgestoßenen Tröpfchen enthalten stets einen Cocktail von Bakterien und Viren, die in einem solchen Milieu unterschiedlich lange Zeit überleben können.

2.5.2 Abgestorbenes

Der Mensch stößt bei Erneuerung seiner Haut große Mengen Schuppen ab, täglich 6–13 g. Der Erneuerungszyklus der Haut durch Abschuppen dauert nur etwa fünf Tage (Gail und Hortig 2004, S. 220). Das organische Material ist Teil der Futterbasis einer Nahrungskette. Milben, Silberfische, Asseln und Spinnen stehen am Beginn der Reihe. Hausstaubmilben reihen sich hier ein. Sie sind wegen der Abgabe allergener Kotbällchen ebenfalls wenig geschätzte Zimmergenossen.

2.6 Resümee der Staubbildung

Feinstaub unter 1 µm bildet sich bei der Verbrennung, er kommt von oben. Grobstaub über 1 µm bildet sich bei der Zerkleinerung, er kommt von unten.

Literatur

Bach M (2008) Äolische Stofftransporte in Agrarlandschaften. Dissertation, Universität Kiel

Bagnold RA (1941) The physics of blown sand and desert dunes. Chapman & Hall, London, Reprint 1971

Coudé-Gaussen G (1991) Les Poussières Sahariennes. John Libbey Eurotext, Montrouge, S 14, with permission

Friedlander SK (2000) Smoke, Dust, and Haze Fundamentals of Aerosol Dynamics, 2. Aufl. Oxford University Press, New York, S 367

Gail L, Hortig H-P (Hrsg) (2004) Reinraumtechnik, 2. Aufl, Springer, Berlin

Gruber M (2002) Charakterisierung partikelförmiger Emissionen beim Dieselmotor und Untersuchung von Verminderungsmaßnahmen, Fortschritt-Berichte VDI, Reihe 12, Nr 507

Haepp H-J (1987) Abgasentstehung im Otto- und Dieselmotor. Physik in unserer Zeit, Bd. 18, H6, S 167, with permission

Hinds WC (1999) Aerosol technology, 2. Aufl. Wiley, New York

Jing L (1997) Charakterisierung der dieselmotorischen Partikelemission. Dissertation, Universität Bern

Metz N (2000) Mass, Size, Number and Surface of Soot Particles of DI Engines with common rail in Diesel passenger car, 4. ETH Conference on Nanoparticle Measurement in Zürich/ETH Hönggerberg, 8.8.2000, S 4, with permission. http://www.nanoparticles.ch/conference_archive.html

Stieß M (1997) Mechanische Verfahrenstechnik 2. Springer, Heidelberg

Stieß M (2009) Mechanische Verfahrenstechnik – Partikeltechnologie 1. 3. Aufl, Springer, Heidelberg

3
Staubbindung

Die Lebensdauer von Staub in der Luft ist endlich. Das Absetzen auf Oberflächen können Sie sich in zwei Stufen vorstellen. In Stufe 1 werden die Partikel zur Oberfläche transportiert. In Stufe 2 übernehmen Haftkräfte das Festhalten beim Berühren der Oberfläche. Der Transport zur Oberfläche wird von recht unterschiedlichen Kräften ausgelöst (vgl. Tab. 3.1).

Eine Erläuterung zu Zeile 1 der Tabelle erscheint zweckmäßig: Die Brown'sche Bewegung der Nanopartikel ist Voraussetzung dafür, dass die Partikel von einem Ort hoher zu einem Ort niedriger Konzentration wandern, sprich diffundieren, können.

Für die weite Verteilung des Staubes in Innenräumen wird der Begriff Zubringerströmung benutzt. Zubringerströmung sei auch die beladene Zuluft eines Filters. In der Atmosphäre wird Staub durch Ferntransport über Landstriche und Kontinente verteilt.

Beim Auftreffen auf Oberflächen wirken die bereits in Abb. 2.7 dargestellten Haftmechanismen. Dabei zeigen sich zwei Besonderheiten. Der Einfluss von Haftvermittler Wasser wird berücksichtigt und ebenso die Zeitabhängigkeit der Haftkräfte (vgl. Tab. 3.2).

3.1 Transport zur Oberfläche

3.1.1 Nahkräfte

Partikel, die sich im Millimeterbereich vor der Wand aufhalten, werden durch Nahkräfte zur Oberfläche dirigiert. Zielgruppe sind die Partikel des Nanobereichs bis hin zu Grobstaub unter 10 µm. Alle Oberflächen des Raumes bieten sich an, z. B. Decke, Wände, Möbel oder Böden. Besonders große Oberflächen bieten Fasern unserer Kleidung sowie Heimtextilien wie Teppiche, Polster, Kissen oder Vorhänge.

Tab. 3.1 Staubtransport zur Oberfläche

Ort	Treibende Kraft	Zielstaub
Nahbereich der Wand	Brownsche Bewegung (Diffusion) Thermophorese	Nanostaub
Fernwirkung	Schwerkraft Elektrostatische Kraft	Grobstaub
Zubringerströmung	Atmosphärische Winde/thermischer Auftrieb, Körperbewegung durch Muskel- und motorische Kraft	Nanostaub Grobstaub
Strömungsumlenkung: Wandanflug Faserumströmung Kreisbahn (Zyklon)	Trägheitskraft	Grobstaub

Tab. 3.2 Haften beim Auftreffen von Partikeln auf Oberflächen

Zeit Wirkung	Sofort haftend	Langsam ansteigend (über Stunden)
Trocken	Schwerkraft Elektrostat. Kraft Van-der-Waals-Kraft Sintereffekt	Abbau von Rauigkeitsspitzen (Sintern bis Schmelzen)
Benetzend	Adsorptionsschicht Flüssigkeitsbrücke Kapillarkraft	1. Rückzug des Wassers (Trocknung) 2. Wanderung von Salz u. Feinpartikeln in die Zwickelflüssigkeit 3. Auskristallisieren von Salzen und Einbau von Feinpartikeln 4. Haftbrücke

3.1.1.1 Diffusion durch Brownsche Partikelbewegung

Nanostaub folgt eigenen Bewegungsgesetzen, die sich aus der thermisch getriebenen Bewegung der Gasmoleküle ableiten (Friedlander 2000, S. 54). Die Schwerkraft wirkt gleichzeitig auf die Partikel, ihr Einfluss auf die Bewegung ist aber gering. Ursache ist die geringe Masse. Auf ihrem Zickzackkurs berühren die Partikel die Oberfläche und bleiben daran haften. An der Wand herrscht deshalb die Partikelkonzentration 0, bezogen auf die angrenzende Luft. So entsteht ein fortwährendes Konzentrationsgefälle zur Wand, das einen ständigen Partikelstrom zur Wand in Gang setzt, ein klassischer Diffusionsvorgang. Die Reichweite der Diffusion ist auf etwa eine 1 mm Wandabstand begrenzt (Hinds 1999, S. 160). Größere Abstände sind für die Praxis wenig bedeutsam, einmal weil der Prozess für größere Abstände sehr langsam wird oder die Turbulenz der Luft für Ausgleich der Konzentrationsunterschiede sorgt.

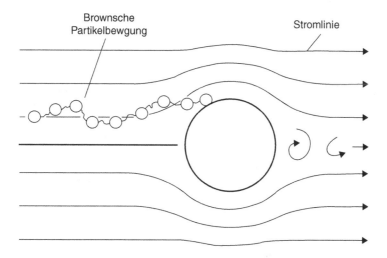

2 Fälle umströmter Körper:
a) ruhende Faser (Querschnitt) in Zubringerströmung
b) fallender Tropfen

Abb. 3.1 Partikel-Diffusion zur Oberfläche durch Brownsche Bewegung. (Modifiziert nach Hinds (1999) Fig. 9.7)

Nasse Flächen begünstigen die Haftung. In den stets feuchten Bronchien, die in 300 µm weiten Lungenbläschen enden, sorgt Diffusion für Niederschlag von Feinstaub.

In technischen Anlagen leistet der Diffusionseffekt einen wesentlichen Beitrag zur Abtrennung von Feinstaub (Hinds 1999, S. 194). Dicht gepackte Faserpakete werden von der Luft durchströmt und fangen dabei Feinstaub ab (vgl. Abb. 3.1). Nach dem gleichen Prinzip arbeitet der Schichtenfilter im Staubsauger. Die anströmende, meist angesaugte Luft erfüllt Zubringerfunktion.

Wir können die gleiche Darstellung auf einen ganz anderen Fall übertragen. Fallende Regentropfen zeigen ein der Faserumströmung vergleichbares Anströmbild. Die reinigende Wirkung der vielen Tropfen kann man sich gut vorstellen.

Die Wände von Innenräumen vergrauen durch anhaltenden Partikelanflug, besonders in Küchen, Raucherräumen und über Heizkörpern. Für Nachschub an Feinstaub sorgen auch die kontrollierten Brennstellen von Gasherden.

3.1.1.2 Temperatureffekt, Thermophorese

Schwarze Flecke an der Wand, besonders im Bereich der Zimmerdecke, deuten auf kalte Stellen im Mauerwerk hin. Über Heizkörpern treten sie besonders hervor. Die Schwärzungen sind ein Werk der Thermophorese – zugegeben, ein wenig geläufiger Ausdruck, der aber mehr Aufmerksamkeit verdient hätte.

In der Luftschicht vor der kalten Wand baut sich ein steiles Temperaturgefälle zur Wand auf mit der Folge, dass sich die Geschwindigkeit der Luftmoleküle in dieser Schicht stark verlangsamt. Auf der warmen Seite üben sie wegen ihrer höheren Geschwindigkeit einen höheren Druck auf Partikel aus als auf der kalten. Die Geschwindigkeitsdifferenz verursacht eine zur Wand gerichtete Druckdifferenz. Bei größeren Partikeln ist der Druck zur Wand wegen ihrer größeren Fläche auch größer als bei kleineren.

Kalte Stellen der Wand sorgen für einen weiteren Missstand. Auf kalter Oberfläche schlägt sich Wasserdampf nieder, wenn die Luft eher gesättigt ist wie in Küche, Bad oder Schlafzimmer. Von der Küche her sind vom Kochen Tröpfchen unterwegs, die in den Einfluss von Thermophorese geraten und die Befeuchtung der Wand intensivieren. Thermophorese und Kondensation bilden eine unheilvolle Allianz. In diesem Zustand können die bereits belasteten Wände zusätzlich Schimmel ansetzen. Bestes Gegenmittel sind lückenlose Isolierung der Außenwände und ausreichende Beheizung der Innenräume sowie regelmäßige Lüftung.

Thermophorese funktioniert auch in der Gegenrichtung. Die gute Nachricht: Auf Heizkörpern setzt sich kein Feinstaub ab, die Heizflächen vergrauen nicht. Von der Oberfläche warmer Heizkörper werden die Partikel von aufgeheizten Luftmolekülen von der warmen Wand weggeschoben. Die schlechte Nachricht: In der Auftriebsströmung der Heizung sammelt sich vermehrt Faserstaub an, der sich in den strömungsberuhigten Zwischenräumen des Heizkörpers absetzt.

In der Reinraumtechnik wird der Effekt der umgekehrten Thermophorese dazu genutzt, Arbeitsflächen frei von Partikeln zu halten (Gail und Hortig 2004, S. 54).

3.1.2 Fernkräfte

Fernkräfte wirken auf alle Partikel im Raum. Zu ihnen gehören Schwerkraft und elektrostatische Kraft. Die Schwerkraft dirigiert Partikel nach unten, elektrostatische Kräfte können ihr Kraftfeld in alle Richtungen spannen, je nach Ladungsdifferenz zwischen Partikel und Oberfläche. Die Schwerkraft nimmt mit dem Volumen des Partikels zu, die elektrostatischen Kräfte lediglich mit der Oberfläche. Das bedeutet, dass ab einer gewissen Größe die Schwerkraft die Bewegung der Partikel dominiert. Ein geladenes, aber schweres Partikel fällt zu Boden, ehe es die anziehende Wand erreicht.

3.1.2.1 Schwerkraft

Ab einer Größe von 0,5 µm bestimmt die Schwerkraft die Bewegungsrichtung der Aerosole. Der Begriff Aerosole wird deshalb verwendet, um auch Flüssigkeitströpfchen in die Bewegungsgesetze erkennbar einzuschließen. Ein Partikel kann so schnell zu Boden fallen, wie es ihm der Luftwiderstand erlaubt. In diesem Zustand sind Gewichtskraft und Luftwiderstandskraft dem Betrage nach gleich groß, wirken aber in entgegengesetzter Richtung. Es ist anzumerken, dass die Schwerkraft nicht spontan bei 0,5 µm Wirkung zeigt, sondern zunehmend in einem Bereich zwischen 0,2 und 1 µm.

In Abb. 3.2 sind die Fallgeschwindigkeiten von Kugeln der Dichte 1 wiedergegeben. Die Kurve passt also auch für Wassertropfen. Wie zu erwarten nimmt die Fallgeschwindigkeit der Tropfen mit ihrer Größe zu. Der Anstieg verläuft nicht gleichmäßig, sondern in drei Etappen. Bis zur Tropfengröße von 100 µm nimmt die Sinkgeschwindigkeit gleichmäßig, aber auch schnell zu. Das Strömungsbild um die fallende kleine Kugel ist laminar. Im zweiten Abschnitt wird die Strömung um die Kugel instabil, der Anstieg der Kurve flacht ab. Im dritten Abschnitt, der bei 1 mm beginnt, ist die Strömung um die Kugel turbulent. Die Fallgeschwindigkeit steigt weiter gleichmäßig an, jetzt aber langsamer (Baumgarth et al. 2011, S. 438). Kugeln mit 100 µm Durchmesser fallen mit 0,3 m/s nach unten, 1 mm große Kugeln bereits mit 5 m/s. Die zugefügten Formeln sollen die Umrechnung der Fallgeschwindigkeit auf andere Bedingungen ermöglichen, insbesondere für andere Materialdichten.

In einer Transportströmung quer durch den Raum sortiert die Schwerkraft Partikel nach ihrer Größe. Schwere Teilchen lenkt sie sofort zu Boden, der feinste Staub schafft es bis zur Oberseite hoher Schränke. Zum Vergleich wurde die Geschwindigkeit bei Diffusion in das Diagramm aufgenommen. Sie können ablesen: das 1-µm-Partikel fällt mit 31,8 µm/s, während eine diffusionsbedingte, zweite Geschwindigkeit von 5 µm/s überlagert ist.

3.1.2.2 Elektrostatische Kraft

Zwischen elektrisch geladenen Oberflächen wirken elektrische Feldkräfte, die sich in Anziehung oder auch Abstoßung äußern. Sie sind unabhängig von ihrer gegenseitigen Entfernung. Staub trägt auf der Oberfläche meist eine elektrische Ladung; die Stärke variiert und ist unterschiedlicher Herkunft. Ein Staubpartikel kann z. B. durch ein adsorbiertes Gasion zum Ladungsträger werden. Aus Trennvorgängen hervorgegangene Partikel tragen meist negative Ladungen. Beim Ausziehen eines Wollpullovers kommt es zu starker Aufladung, die sich unter Knistern und Lichterscheinung entlädt. Im Freien

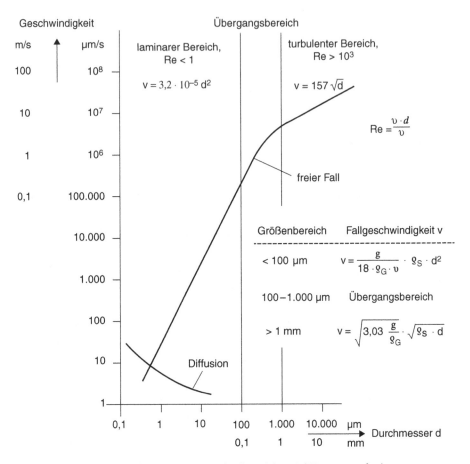

Abb. 3.2 Fallgeschwindigkeit von Kugeln der Dichte 1 (Wassertropfen)

sorgt thermischer Auftrieb für rasches Aufsteigen erwärmter Luft. Durch die Reibung Luft an Luft werden riesige Ladungsmengen transportiert, die sich in Blitz und Donner entladen.

Reibung trennt Ladungen. Abgelöste Faserbruchstücke werden zu negativen Ladungsträgern, die Oberflächen bleiben positiv geladen zurück. Zwischen beiden wirkt die elektrostatische Feldkraft. Elektrische Nichtleiter, zu denen v. a. Kunststofffasern gehören, laden sich besonders gut auf. Zellulosefasern wie Baumwolle oder Papier sind eher schlechte Nichtleiter.

Die Aufladung der Oberflächen von Gegenständen ist ebenso vielgestaltig wie die der Oberfläche von Partikeln. Sie haben gesehen, dass trocken abgewischte Oberflächen statisch aufgeladen zurückbleiben. Die elektrisch nicht leitenden Oberflächen elektronischer Geräte laden sich ebenfalls leicht auf. Trockene Luft fördert die Fixierung örtlicher Aufladungen. Technische Abscheider arbeiten mit hoher elektrischer Spannung; sie sind recht wirksam, führen aber auch zur Ionisierung der Luft.

3.1.3 Zubringerfunktion der Luftströmung

Luftströmung verteilt Staub in die entferntesten Winkel eines Raumes und versorgt so die Nahkräfte mit frischem Material. Die Zubringerströmung speist sich aus mehreren Quellen: aus atmosphärischen Winden, thermischer Auftriebsströmung und Fahrtwind um bewegte Körper, der auf Muskel- oder elektromotorische Kraft zurückgeht.

Während Staub der Strömung folgt, lenken ihn Schwerkraft und elektrostatische Kräfte in Richtung ihres jeweiligen Kraftfeldes ab. Wohin bewegt sich ein Partikel unter diesen Bedingungen? Die Lösung ist einfach, jede Kraft prägt dem Partikel eine Geschwindigkeitskomponente auf, die sich zu einer Gesamtgeschwindigkeit addieren. Geschwindigkeit wird durch Betrag und Richtung bestimmt. Sie kann als Pfeil dargestellt werden, mathematisch gesehen als Vektor. In Abb. 3.3 ist die Vektoraddition beispielhaft dargestellt. Mit der atmosphärisch getriebenen Außenluft schwebt ein Partikel durch das Fenster in den Raum. Die einströmende Luft habe die Geschwindigkeit u_L. Am Fenster kommt sie in die Auftriebsströmung u_A, gleichzeitig fällt das Partikel durch die Schwerkraft mit der Geschwindigkeit v_g nach unten. Addition bedeutet, die Pfeile in der jeweiligen Bewegungsrichtung hintereinander zu legen. Die Spitze des letzten Pfeiles gibt die tatsächliche Geschwindigkeit v des Partikels nach Größe und Flugrichtung an. Sie erkennen, das betrachtete Partikel wird schneller als die einströmende Luft und bewegt sich nach oben. Das vektorielle Additionsverfahren kann auch auf Haftkräfte angewandt werden.

Auch Wärmequellen treiben Zubringerströmung an. Die von Heizkörpern ausgelöste Walzenströmung schleppt Faserstaub heran, der sich in den seitlichen, windstillen Zwischenräumen des Heizkörpers absetzt und sich zu beachtlichen Flusen auftürmen kann. Da sich auf beheizten Flächen kein Feinstaub absetzt, segelt er in der Walzenströmung weiter, entlang der Decke zur gegenüberstehenden Schrankwand und setzt sich auf ihrer Oberseite ab.

Abb. 3.3 Flugrichtung eines Staubpartikels

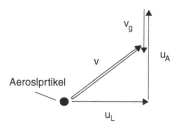

Vektoraddition (Projektion in die Ebene)

u_L Anströmgeschwindigkeit der Luft

u_A Auftriebsgeschwindigkeit der Luft

v_g Fallgeschwindigkeit des Partikels

v tatsächliche Geschwindigkeit des Staubkorns

Einer eigenen Klasse von Zubringerströmungen gehören erzwungene Strömungen an. Hierzu gehören Begleitströmungen von bewegten Körpern einschließlich Gebläseauslässen. Durch Bewegung im Raum entstehen Bugwellen, die an der Wand reflektiert werden. So entsteht pulsierende Strömung, die um Hindernisse herum alle nicht einsehbaren Bereiche des Raumes erreicht. Faserfusseln verfilzen unter dieser Wechselbewegung und wachsen zu Wollmäusen heran, wenn die Bedingungen günstig sind.

3.1.4 Fliehkraft bei Strömungsumlenkung/Prallabscheidung

Der Fliehkraft sind wir begegnet als Ablösekraft für Partikel von Gegenständen. Sie ist eine Trägheitskraft, die besonders auf große, schwere, massereiche Partikel anspricht. Bei Richtungsänderung der Luftströmung fliehen sie aus deren Verlauf und fliegen geradeaus weiter. Dieses Trägheitsverhalten führt zur Prallabscheidung und wird zur Staubabtrennung genutzt.

Nanoteilchen machen eingebettet in die Stromlinien der Luft jeden Schwenk der Stromlinien mit. Die Masse der bis 0,2 µm großen Partikel ist zu gering, um einen Abscheideeffekt zu erzielen.

Ab einer Teilchengröße von 1 µm kommen die beiden Massenkräfte Trägheits- und Schwerkraft zur Geltung. Die Schwerkraft lenkt die Teilchen nach unten, die Trägheitskraft dirigiert die Partikel geradeaus, bis die Strömung vor einem Hindernis abgelenkt wird. Je größer ihre Bewegungsenergie, $\frac{1}{2}mv^2$, je weniger können die Partikel den schnellen Schwenks der Stromlinien vor einem Hindernis folgen und prallen auf. Fliehkraftabscheidung wird in großem Umfang in Staubabscheidern genutzt. Dazu gehört auch der Staubsauger.

Für die Staubabscheidung sind drei Fälle von praktischer Bedeutung: Wandanströmung, Faserumströmung und Kreisbewegung. Diese drei Standardfälle sind in Abb. 3.4 schematisch dargestellt.

3.1.4.1 Wand

Bei der Anströmung einer senkrechten Wand werden grobe Partikel abgefangen, sie fallen zu Boden (Abb. 3.4a). Mittelgroße Partikel um 1 µm haften an der Wand und Nanopartikel fliegen mit der Strömung weiter. Angewandt wird das Prinzip bei der Feinstaubanalyse. In einem Prallabscheider wird Grobstaub abgetrennt, der entweichende Feinstaub wird anschließend für sich analysiert. Prallabscheidung führt zu unvermeidlicher Verschmutzung der Frontseite sich schnell bewegender Gegenstände, denken Sie an Fahrzeuge. Nur Nanopartikel entgehen dem Aufprall.

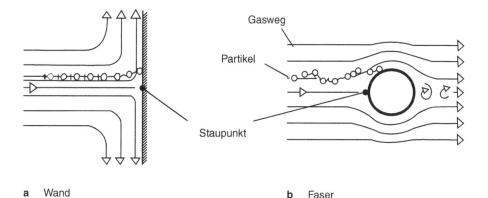

a   Wand   b   Faser

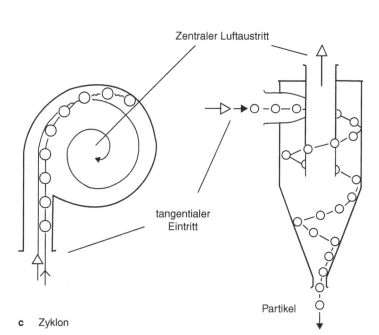

c   Zyklon

Abb. 3.4   Prallabscheidung nach Strömungsumlenkung

Durch Bewegung im Innenraum ausgelöste Bugwellen werden wie jede Zubringerströmung an Wänden reflektiert. Wegen geringer Geschwindigkeit haften größere Partikel beim Aufprall nicht an, sondern fallen zu Boden.

3.1.4.2 Faser

Die Situation bei der Umströmung einer Einzelfaser zeigt Abb. 3.4b. Aufprallende Partikel werden aus dem Luftstrom abgeschieden. Feine Fasern zeigen eine bessere Abscheidewirkung als Fasern mit großem Durchmesser. So werden auch Allergene wie Blütenpollen oder Milbenkot zurückgehalten.

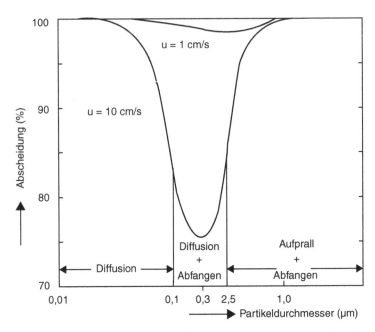

Abb. 3.5 Abscheidelücke für Feinstaubpartikel in einem Filter. (Nach Hinds (1999) Fig. 9.9)

Staubfilter nutzen das Aufprallprinzip in großem Umfang, so auch der Beutelfilter des Staubsaugers. Drei Abscheideprinzipien laufen im Staubsauger parallel ab: Nanostaub wird durch Diffusion, Feinstaub durch Trägheitskräfte und Fasern durch mechanisches Verhaken abgefangen. Der aufgefangene Faserstaub bietet zusätzliche Oberfläche für das Auffangen von Nanoteilchen.

Technisch gesehen arbeitet der klassische Staubsauger als Speicherfilter, der nach Beladung nicht abgereinigt, sondern entsorgt wird. Die Entsorgung macht auch deshalb Sinn, da am Filtergewebe haftender Nanostaub ohnehin nicht zu entfernen ist. In Abb. 3.5 erkennen Sie die markante Abscheidelücke im Größenbereich zwischen 0,1 und 1 µm (Hinds 1999, S. 199). Die Partikelabscheidung durch Diffusion kommt in diesem Bereich an das Ende ihrer Wirksamkeit und die Prallabscheidung steht erst am Anfang. Bei hoher Anströmgeschwindigkeit neigen Partikel dieses Bereichs dazu, den Filter zu passieren; sie werden wieder in den Raum geblasen. In der Technik wird die Abscheidewirkung von Filtern, besonders die von Faserfiltern, auf die Partikelgröße 0,3 µm bezogen. Sie ist Bezugsgröße der MPPS, der *most penetrating particle size*.

In Abb. 3.5 wird auf einen besonderen Abscheidemechanismus hingewiesen, der Partikel betrifft, die beim Vorbeiflug die Faser streifen und von Haftkräften an der Oberfläche abgefangen werden. In der Fachwelt ist für Abfangen der Begriff Interzeption in Gebrauch. Der Mechanismus ist bei feinen Fasern von besonderer Bedeutung.

3.1.4.3 Kreis

In Zentrifugalabscheidern wird der Luft eine Kreisbewegung aufgezwungen, in der Grobstaub zur Wand geschleudert wird. Staubsauger, die nach diesem Prinzip arbeiten, verwirklichen es mit einem Zyklon als Partikelabscheider. Die staubbeladene Luft strömt tangential in den Zyklon ein, erzeugt eine Spiralströmung, der grobe Partikel aufgrund ihrer Trägheit nicht folgen können (vgl. Abb. 3.4c). Die Luft verlässt den Zyklon nach oben, der Staub nach unten (Stieß 1997, S. 8). Die Verteilung des angesaugten Luftstromes auf mehrere, parallel geschaltete Kleinzyklone ermöglicht es, auch Feinstaub auf der Zyklonwand niederzuschlagen. Technisch gesehen arbeitet der Zyklon als Abreinigungsfilter. Der auf seiner Wand niedergeschlagene Staub wird impulsweise ausgetragen. Da Nanostaub auf die „Fliehkraftfalle" nicht anspricht ist, muss dem Zyklon ein Feinfaserfilter nachgeschaltet werden, der nach dem Diffusionsprinzip arbeitet.

3.2 Haften auf Oberflächen

3.2.1 Trockene Haftung

Unter der Rubrik „trockene Haftung" werden die Kräfte zusammengefasst, die ihre Wirkung ohne Flüssigkeitsschicht zwischen Partikel und Wand entfalten. Bei den nassen Haftkräften beeinflusst Flüssigkeit die Haftung. Beim Thema Staubbildung (vgl. Kap. 2) haben Sie die Haftkräfte kennen gelernt, die beim Ablösen von Staub zu überwinden sind (vgl. Abb. 2.7). Die gleichen Haftkräfte halten Partikel beim Auftreffen auf der Oberfläche fest mit dem Unterschied, dass der Faktor Zeit dabei eine Rolle spielt. Einige Kräfte wirken sofort, andere entwickeln erst mit der Zeit ihre volle Haftwirkung.

3.2.1.1 Schwerkraft

Die Gewichtskraft wirkt sofort bei Auftreffen der Partikel auf waagrechten Oberflächen und hält die Partikel dort fest. Beim Auftreffen von Feinstaub auf Wand oder Decke hindert sie Teilchen $> 10\,\mu m$ am Anhaften, sie fallen zu Boden.

3.2.1.2 Elektrostatische Kraft

Die Masse des Hausstaubes besteht aus Faserstaub. Kunstfasern sind in der Regel Nichtleiter, ihre Oberflächen laden sich stark auf. Beim Berühren der Oberfläche haften sie sofort und dauerhaft, da ihre Ladung erhalten bleibt.

Auf spiegelnden Flächen ist Faserstaub im Schräglicht gut zu beobachten. Styroporkügelchen liefern ein Schulbeispiel für elektrostatisch bedingte Haftung. Denken Sie auch an die Haftwirkung frisch abgerollter Kunststofffolie. Trockene Innenräume fördern den Aufladungseffekt. Wie bereits erwähnt sind Zellulosefasern wie Baumwolle und Papier eher schwache Nichtleiter und laden sich deshalb weniger stark auf.

3.2.1.3 Van-der-Waals-Kraft

Van-der-Waals-Kräfte können sich erst bei inniger Berührung von Partikel und Wand entfalten. Für Partikel über 10 μm verhindert die Rauigkeit der Oberflächen beider die notwendige Annäherung. Bei ideal glatten Oberflächen müssten sogar Kugeln bis zu 1 mm Durchmesser an der Decke haften. Wenn die notwendige Annäherung zustande kommt, kann die Anziehung so groß werden, dass Rauigkeitsspitzen schmelzen und die Partikel näher zur Wand gezogen werden bei erheblichem Anstieg der Haftkraft. Feinstaubpartikel erreichen deshalb erst nach etwa 30 min ihre endgültige Lage auf der Oberfläche. In dieser Position sind die Partikel schwer von der Oberfläche zu entfernen, auch von Wasser nicht (Hinds 1999, S. 141 ff.; Stieß 2009, S. 76).

Der Gecko stellt den tragfähigen Wandanschluss mit unzähligen, ausfahrbaren Nanohärchen seiner Füße her, die die Unebenheiten der Wand ausgleichen. Im Zoo können Sie die Tiere kopfüber an senkrechter Glasscheibe haftend beobachten (vgl. Abb. 3.6). Zu Hause veranschaulichen uns Fliegen auf Fensterscheiben das Phänomen der Trockenhaftung.

In der Technik gibt es viele Anwendungen der Van-der-Waals-Haftung. Die notwendige Annäherung an die Oberflächen wird durch äußeren Druck herbeigeführt. Unter leichtem Druck ziehen Kreide und Bleistift Spuren auf rauer Unterlage, aus Kohlenstaub und Holzmehl lassen sich unter hohem Druck Briketts formen. Das allmähliche Verklumpen von Schüttgut wie etwa Mehl geht ebenfalls auf die Wirkung der Van-der-Waals-Kräfte zurück. Leich-

Abb. 3.6 Gecko, © nico99
www.fotosearch.de (Gecko)
with permission

ter Druck auf das Staubtuch wirkt als Haftverbesserung für lose auf Möbeln aufliegenden Staub.

3.2.2 Nasse Haftung

Wenn sich zwischen den Kontaktflächen von Partikel und Wand eine benetzende Flüssigkeit befindet, ist die sofortige Haftung auftreffender Partikel in der Regel kein Problem. Betrachten wir vorab den besonderen Fall, dass sich keine Benetzung einstellt. Ein Wassertropfen perlt von einem Wachstuch ab, die Benetzung kommt nicht zustande. Die Blätter vieler Pflanzen verfügen über eine wasserabstoßende Ausrüstung, sodass sie bei Regen nicht benetzen. Die Tropfen spülen sogar lose aufliegenden Staub mit sich fort. Zwei Effekte halten einen Tropfen zusammen: große Oberflächenspannung und schwache Bindung zur Oberfläche des berührten Gegenstandes. Bei Quecksilber ist der Effekt besonders ausgeprägt.

3.2.2.1 Kapillarkraft, Randkraft und Oberflächenspannung

Sie wissen, dass kleine Partikel auf nassen Oberflächen regelrecht festkleben. Die Wirkung von benetzendem Wasser ist in Abb. 3.7 dargestellt. Im linken Teil des Bildes ist ein auf wassernasser Unterlage haftendes Partikel dargestellt, denken Sie an ein Sandkorn. Das Wasser zieht sich längs der hohl gekrümmten Linie am Sandkorn hoch und füllt einen keilförmigen Bereich mit Flüssigkeit aus, mit der Zwickelflüssigkeit. Der Effekt ist Ihnen unter dem Begriff Kapillarzug sicher schon begegnet. Er wird im rechten Teil des Bildes veranschaulicht. Eine Kapillare, ein enges Röhrchen, saugt aus einem Vorrat so lange Wasser an, bis eine bestimmte Höhe erreicht ist. Je kleiner der

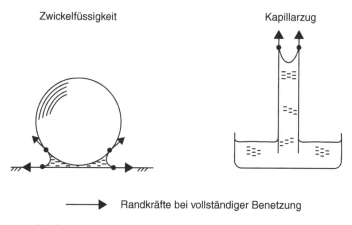

Randkräfte bei vollständiger Benetzung

Abb. 3.7 Randkräfte

Durchmesser, umso höher steigt das Wasser. In der Kapillare bildet die Wasseroberfläche ein durchhängendes Tuch, an dem die Wassersäule gleichsam hängt. Wasser wird aus der Tiefe nach oben gezogen. Die Zugkraft versorgt die Blätter auch riesiger Bäume mit Wasser aus der Wurzel. Physikalisch gesehen stellt sich unter der gespannten Flüssigkeitsoberfläche Unterdruck ein, dem das Wasser von unten folgt. Für die „Tuchspannung" sorgt die Oberflächenspannung des Wassers. Die Verankerung des „Tuches" an der Wand verdankt es der Randkraft, jener Kraft, mit der sich das Wasser an das trockene Ufer klammert. Hier verläuft die Grenze der Benetzung. Im Bild wird die Randkraft durch Pfeile angedeutet.

Der Unterdruck unter dem gekrümmten Flüssigkeitsspiegel der Kapillare schlägt eine Brücke zu den später zu behandelnden Lungenbläschen. Dort erzeugt Wasser auf der Innenwand eines Lungenbläschens Zugspannung, die auf die Bläschenwand wirkt. Das Bläschen schrumpft. Die Oberflächenspannung des Wassers wirkt als wichtige Rückstellkraft der Lunge beim Ausatmen.

Wandhaftung und Oberflächenspannung wirken beim Kapillarzug zusammen. Dazu muss eine weitere, auf den ersten Blick überraschende Bedingung für das Funktionieren der Kapillarkraft erfüllt sein: Über dem Kapillarspiegel muss sich Luft befinden; ohne überstehende Luft gibt es keine Randkraft, das Kapillarsystem erzeugt keinen Unterdruck, das System funktioniert gar nicht. In der Zwickelflüssigkeit unter dem Sandkorn herrscht ein mit dem Kapillarzug vergleichbarer Unterdruck. Er sorgt für den Klebeeffekt. Beim Nasswischen greifen alle Zustände ineinander.

3.2.2.2 Zusammenhalt im Haufwerk, Schmutz

Die Formbarkeit des Sandes ist ein Werk nasser Haftkräfte, die sich mit fortschreitendem Wasserentzug verändern (vgl. Abb. 3.8). Denken Sie an unregelmäßig angehäufte Sandkörner, die mit Wasser durchtränkt sind (Stieß 1997, S. 192 ff.). Der Zusammenhalt der Körner ist am größten, wenn der Wasserspiegel, z. B. während eines Trockenvorganges, zwischen den Sandkörnern gerade in das Häufchen abzusinken beginnt (vgl. Abb. 3.8b). In diesem Zustand versucht der Kapillarzug, weiteres Wasser – vergeblich – aus der Tiefe an die Oberfläche zu ziehen; stattdessen stellt sich im Innern des Haufwerks Unterdruck ein. Die Partikel saugen sich aneinander und das ganze Häufchen auf der Unterlage fest. In diesem Entfeuchtungszustand hat der Sand seinen größten Zusammenhalt, dargestellt als Maximum der Festigkeitskurve (vgl. Abb. 3.8a).

Die Zwischenräume im Sand bilden Porenkanäle mit Erweiterungen bzw. Verengungen und stehen durch Querkanäle in Verbindung, die für Druckausgleich sorgen. So erhält der Sand einheitliche Festigkeit. Aus physikalischer

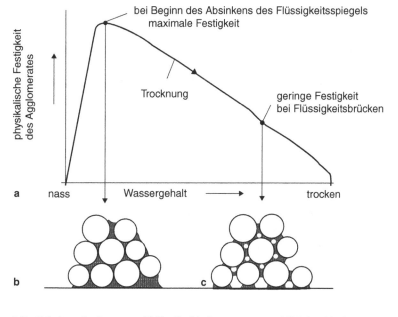

Agglomerate: a) Festigkeitsverlauf   b) Kapillarbindung   c) Brückenbindung
                                          (absinkender   (Zwickelflüssigkeiten)
                                          Wasserspiegel)

Abb. 3.8 Festigkeit von Partikelhaufwerken. (Modifiziert nach Stieß (1997) Abb. 9.2.7)

Sicht entwickelt Sand mit dieser Feuchte seine höchste Zugfestigkeit, die in unserem Falle dem kapillaren Unterdruck in den Poren gleichzusetzen ist. Ein so angefeuchteter Sand bietet Ihren Kindern oder Enkeln den idealen Baustoff für stattliche Burgen, am schönsten am Meeresstrand.

Streicht trockener Wind über das Bauwerk, verdunstet Wasser aus dem Sand. Ein weiterer besonderer Zustand der Entfeuchtung wird erreicht, wenn nur noch Feuchtigkeitsbrücken an den Berührungsstellen der Körner das Sandgefüge zusammenhalten, dargestellt in Abb. 3.8c. Im Verlauf der Trocknung hat die Festigkeit des Sandes stetig abgenommen. Nach vollständigem Durchtrocknen bricht die Burg bei der leichtesten Berührung zusammen, die Festigkeit ist bis auf schwache Feststoffbrücken verschwunden.

Bleibt noch der Blick auf die linke Seite der Festigkeitskurve. Bei Überflutung des Haufwerkes geht der Zusammenhalt der Partikel vollkommen verloren. Die Partikel vereinzeln sich im Wasser und werden fortgespült. Diese Stelle der Kurve markiert den Startpunkt der Nassreinigung unserer Innenräume. Reinigungswasser umhüllt anfangs trockene Partikel und nimmt sie in „Einzelhaft". Netzmittel und Emulgatoren unterstützen das Wasser dabei. Am linken Punkt der Festigkeitskurve beginnt die stolze Sandburg in den Fluten des Meeres zu versinken. Allenfalls formen Wind und Wasser stabile

Rippelformen im Watt, die sich verfestigen und unter günstigen geologischen Bedingungen Jahrmillionen überdauern können.

Je feiner die Partikel eines Haufwerks sind, umso größer ist ihr innerer Zusammenhalt und damit die Haftung des ganzen Häufchens auf der Oberfläche, mechanisch schwer entfernbar, kurz: Schmutz. Die feinsten Kapillaren bilden sich in Ton. Im nassen Zustand bildet er eine äußerst zähe Masse mit erheblichem Verschmutzungspotenzial. Die Partikel rücken so weit zusammen, dass sie sich während des Trocknens auf einer Unterlage wie Fußböden, Schuhen oder Kleidung festsaugen. Die feuchte kapillare Haftung geht in die trockene Van-der-Waals-Haftung über. Geologisch gehört Ton zur untersten Stufe der Feinböden mit einheitlicher Körnung (vgl. Abb. 2.1). Als nächst gröbere Körnung folgt Schluff, danach Sand. Lehm ist eine Mischung aus den drei Körnungen; diese Mischung hat sich als besonders widerstandsfähig gegenüber Erosion erwiesen.

In vergleichbarer Weise dominieren Kapillareffekte das Verhalten von Wasser in Textilien.

3.2.2.3 Flutung

An dieser Stelle folgen Sie mir bitte zu einem Ausflug in das Nachbarfluid Wasser. Im Wasser sind die Partikel stets von einer dicken Hülle von Wassermolekülen umgeben, die die Partikel untereinander auf Abstand hält. Nanoteilchen schwimmen nebeneinander her, gröbere Partikel setzen sich der Schwerkraft folgend locker auf dem Boden ab. Das Phänomen der schützenden Flüssigkeitshülle wird auch genutzt, um Nanoteilchen in flüssiger Umgebung herzustellen. Im Medium Luft gelingt das wegen des schnellen Zusammenschlusses der Partikel weniger.

3.3 Staubkreisläufe

3.3.1 Außenbereich

Im Freien sorgt der Wetterwechsel für periodische Veränderung der Staubbeladung der Atmosphäre. Zieht eine Wetterfront mit Wind und Regen vorbei, reinigt sie zuerst die Luft von Staub und Schadgasen, anschließend spült das Regenwasser Blätter der Pflanzen, Häuser und Straßen staubfrei, die Natur wird nass gereinigt. Sie öffnen das Fenster und können frische Luft in tiefen Zügen genießen. Im Winter ist weniger Feuchtigkeit, dafür mehr Staub in der Luft als im Sommer. Die Architekten statten unsere Innenräume zwar mit Klimaregelung aus, es fehlt jedoch die periodische Reinigung durch den Regen. Dieser Mangel an natürlicher, biologischer Reinigung zieht ersatzweise eine Menge Handarbeit nach sich.

Regen fällt nicht als destilliertes Wasser vom Himmel. Bedenken Sie, eine der wenigen willkommenen Eigenschaften des Staubes ist die Bildung von Regentropfen in feuchter Luft. Die ungeheuren Mengen eingetrockneten Meeressprays und der Verwitterungsstaub aus Trockengebieten liefern genügend Kristallisationskeime, um alle Regentropfen der Erde zu erzeugen. Auf den Staub aus Industrieschornsteinen, Motorauslässen und diffusen Quellen von Innenraumentlüftungen könnte in diesem Zusammenhang gut verzichtet werden. Ohne die Hilfe der natürlichen Kondensationskeime wäre die Luft in einer Wetterfront so feucht wie in einer Dampfsauna. Das Wasser würde nur auf Wänden kondensieren und in Strömen an uns herunterlaufen.

Nähert sich das Tropfenwachstum in einer Regenwolke dem Millimeterbereich, beginnt es zu regnen. Schnell fallende, große Tropfen schlucken kleine, auch Schwebstaub wird aufgenommen, die Luftwäsche beginnt. Nanoteilchen weichen zunächst wegen ihrer geringen Masse den fallenden Tropfen aus. In geringem Umfang bezogen auf den Gesamtstaub in der Luft gelangen sie durch Diffusion zur Tropfenoberfläche und kleben fest (vgl. Abb. 3.1). Ein Regentropfen sammelt so während des Falls viele Staubpartikel ein, einschließlich der Moleküle saurer Gase aus Verbrennungen. Um Nanostaub und Gase vollkommen auszuwaschen, bedarf es intensiven Regens, möglichst in Verbindung mit turbulenter Luftbewegung.

Sicher ist Ihnen aufgefallen, dass auf Fensterscheiben nach dem Regen Schmutzspuren auftauchen, obwohl die Fenster vorher gereinigt worden waren. Ein Teil des Staubes hat das Waschen und Trocknen auf den Glasscheiben überdauert. Der Effekt ist nicht auf Glasscheiben beschränkt, wegen der Durchsichtigkeit des Materials aber gut zu beobachten. Wie ist dieses wenig willkommene Phänomen zu verstehen und gibt es Mittel zur Abhilfe? An einer nassen Fensterscheibe kleben Staubpartikel schwimmend mit einem Wassertropfen fest. Beim Abtrocknen der Scheibe saugen sich die Partikel im sich zurückziehenden Wasser einzeln oder in kompakter Schicht an der Scheibe fest. Nanoteilchen haften an Mikroteilchen und füllen die Zwischenräume aus. Der weiter absinkenden Flüssigkeit folgen gelöste Stoffe und frei schwimmende Nanopartikel. Alles sammelt sich in den Zwickeln der verbleibenden Brückenflüssigkeit und beginnt auszukristallisieren. Eine Haftbrücke zur Oberfläche ist hergestellt (vgl. Abb. 2.7).

Nach dem Trocknen können Sie das Ergebnis als wenig willkommene Wolkengebilde erkennen. Die nasse Haftung ist verschwunden. An ihre Stelle ist die trockene Haftung der Van-der-Waals-Kräfte in Form von Kristallbrücken getreten, dauerhaft, wenn auch nach der ersten Regenepisode noch leicht abwischbar. Die relativ schnell aufgebauten Strukturen bergen elektrische und

Abb. 3.9 Eingetrockneter See mit Schwindrissen, © ikophotos www.fotosearch (Trockener See) with permission

chemische Potenziale, unter deren Einfluss Moleküle über die Oberfläche diffundieren und zu weiteren Feststoffbrücken oder zu chemischem Angriff mit Aufrauung führen (Kröll 1989, S. 59). Die eingetrockneten Schlieren überdauern den nächsten Regen. Auf ihnen wächst das Wolkengebilde weiter an, mit steigendem Haftvermögen. In der Praxis enthält Wasser stets gelöste Stoffe; die Schlierenbildung beim Eintrocknen des Wassers ist also naturbedingt (Kröll 1989, S. 19).

Nano- und Feinstaub halten sich tagelang in der Luft auf. In dieser Zeit können sich die Partikel mit einer Flüssigkeitsschicht bis 3 nm überziehen und begierig Schadgase aus der Luft in sich aufnehmen. Solche Partikel wirken besonders schädlich auf Oberflächen ein, auch auf die Wände der Bronchien. Die Flüssigkeitsschicht ist zu dünn, um Haftbrücken mit Zwickelflüssigkeit ausbilden zu können. Sie ist aber in der Lage, die trockene Haftung feiner Partikel zu verbessern (vgl. Abb. 2.7).

Vom Regen abgespülter Staub wandert flussabwärts und landet als lockere Schlammschicht auf dem Grunde der Gewässer, wo er zur Verlandung beiträgt und wegen seiner universalen Zusammensetzung als Nährboden für neues Leben bereitsteht. Abbildung 3.9 zeigt den Boden eines ausgetrockneten Sees mit Schwindrissen, die Kapillarkräfte während des Trocknens als tiefe Furchen in die Oberfläche eingeschnitten haben. Der Staubkreislauf hat sich geschlossen, alle vier Elemente waren beteiligt: Feuer, Wasser, Erde und Luft. Im Buch Genesis wird der Mensch in den Kreislauf einbezogen: „Du bist von Erde genommen, du bist Erde und sollst zu Erde werden" (Genesis 3, V. 19).

Abb. 3.10 Lösslandschaft am Kaiserstuhl

Auch ohne den Umweg über das Wasser baut Staub (1–60 μm) durch Windverfrachtung Böden auf, die im Extremfall Schichtstärken von 1000 m erreichen können. So entstanden während der Eiszeit Lössböden, die von Landwirten wegen ihrer Fruchtbarkeit sehr geschätzt werden (vgl. Abb. 3.10). Geologisch gesehen handelt es sich um junge Böden, die noch wenig verfestigt sind. Abbildung 3.10 zeigt einen in Lössboden eingefahrenen ländlichen Weg. Viele dieser gesegneten Landschaften tragen den Namenzusatz „Börde".

3.3.2 Innenraum

Wir schätzen unsere Innenräume, besonders wenn sie uns vor Wind und Wetter, Frost und Hitze schützen. Hier verbringen wir über 90 % unserer Zeit. Trockenheit bedeutet Wärme, Hygiene, keine Lebensgrundlage für Mikroorganismen wie Bakterien, Pilze oder Viren. Die Wände der Wohnung leuchten hell wie Sonnenschein, farbenfrohe Stoffe erinnern an Wiesenblumen, die Fußböden sind angenehm zu betreten wie kurz geschorener Rasen und Möbel laden zum Verweilen ein. So holen wir uns die Reize der Außenwelt ins Haus. In der trockenen, tendenziell eher Staub fördernden Umgebung der Innenräume fehlt die reinigende Wirkung periodisch fallenden Regens und das nachwachsende Grün der Bäume, stattdessen breitet Staub seinen grauen Schleier über unsere schöne künstliche Welt aus. Staub entpuppt sich so als Kulturfolger. Im Hause wird mit Leitungswasser gereinigt, das wegen seines

Mineralreichtums wesentlich stärkere Spuren hinterlässt als Regen. Leitungswasser erzeugt beim Eintrocknen dünne Krusten, die fast ausschließlich aus Salzkristallen, meist Karbonaten, bestehen. Fenster werden deshalb zunehmend mit mineralfreiem Wasser geputzt.

Innenräume sind nie staubfrei. Grobstaub setzt sich auf Böden und waagrechten Oberflächen von Möbeln, Vorsprüngen und Nippes ab, nach oben feiner werdend und zunehmend fester haftend. Feinstaub haftet auf allen Oberflächen. Dabei bieten glatte Flächen den Vorteil, dass auf ihnen Einzelpartikel leicht zu plattenähnlichen Gebilden verkrusten, die nur punktweise haften und so mechanisch leichter zu entfernen sind.

Alter Staub kann die Substanzen eines ganzen Chemielabors enthalten, v. a. dann, wenn der Staub tagelang in der Luft und danach lange auf Möbeln zugebracht hat und luftfremde Stoffe anlagern konnte. Zu den Chemikalien gehören leicht- und schwerflüchtige Lösungsmittel jeder denkbaren Herkunft und Zusammensetzung, dazu Säuren und Salze, Wasserdampf und nicht zu vergessen Ruß vom Straßenverkehr. Dem zerstörerischen, elektrochemischen Potenzial dieses Chemiecocktails widersteht kaum eine Oberfläche unbeschadet.

Innenräume sind aus Sicht des Staubexperten große Speicherfilter. Um das gute Aussehen der Wohnung zu bewahren, bleibt nichts anderes übrig, als den Staub einzusammeln. Die Oberflächen danken es mit gutem Aussehen und erhöhter Lebenserwartung. Analog zur Natur sind zwei Methoden in Gebrauch. Bei der ersten wird trocken eingesammelt. Dabei wird Staub von einer Oberfläche auf eine andere übertragen, entweder auf ein Tuch oder in den Speicherfilter des Staubsaugers. Diese trockene Methode ist die einfachere und wird von Männern bevorzugt. Vor der zweiten, der Nassreinigung, scheuen Frauen weniger zurück. Die Methode ist die aufwendigere, erfasst dafür auch fester haftenden Staub mit gezielter Übergabe an das Nachbarfluid Wasser.

Nach dem Vorbild der Natur steht in Zeitabständen eine Oberflächenerneuerung an. Nach dem Neuanstrich der Wände zieht wieder Frühling in die Wohnung ein.

Literatur

Baumgarth S, Hörner B, Reeker J (Hrsg) (2011) Handbuch der Klimatechnik. Band 1: Grundlagen. VDE Verlag GmbH, Berlin

Friedlander SK (2000) Smoke, dust, and haze, fundamentals of aerosol dynamics, 2. Aufl. Oxford University Press, New York

Gail L, Hortig H-P (Hrsg) (2004) Reinraumtechnik, 2. Aufl. Springer, Berlin

Genesis 3, V. 19. Schöpfungsgeschichte, 1. Buch Mose (Altes Testament), Die Bibel –
  Einheitsübersetzung (1980), Herder-Verlag, Freiburg
Hinds WC (1999) Aerosol technology, 2. Aufl. Wiley, New York
Kröll K (1989) Trocknungsgüter. In: Kröll K, Kast W (Hrsg) Trocknungstechnik, Bd 3.
  Springer, Berlin, S 1–63
Stieß M (1997) Mechanische Verfahrenstechnik 2. Springer, Berlin
Stieß M (2009) Mechanische Verfahrenstechnik – Partikeltechnologie 1, 3. Aufl,
  Springer, Berlin

4

Gesundheit und Staub

4.1 Luftströmung im Atemtrakt

4.1.1 Sauerstoffversorgung

Der Atmungsapparat versorgt unseren Körper mit Sauerstoff. Das Gas hält den Stoffwechsel in allen Geweben unseres Körpers in Gang. Die Organe können selbsttätig arbeiten und die Muskeln spielen nach unserem Willen. Dazu ist Energie notwendig, die aus der Verbrennung von Kohlehydraten gewonnen wird, bei Körpertemperatur von 37 °C. Das flüchtige Endprodukt der Verbrennung, Kohlendioxid, wird am Ende der Stoffwechselkette ausgeatmet. Auch die Wärmeverluste unseres Körpers werden durch kontrollierte Oxidation mit Sauerstoff ausgeglichen. Die Luft enthält beim Einatmen 20,9 % Sauerstoff, beim Ausatmen sind es noch 16 %. Rechnerisch werden der Luft bei jedem Atemzug 23,4 % ihres Gehaltes an Sauerstoff entzogen. Die Lungenbläschen, medizinisch Alveolen, sind die Orte, an denen der Sauerstoff in den Körper übertritt. Die kleinen, mit Atemluft gefüllten Hohlbläschen haben einen Innendurchmesser von 200–300 μm. Sie sind auf ihrer Rückseite mit feinsten, Blut durchflossenen Kapillaren überzogen; man spricht von einem Kapillarbett. Die einzelne Kapillare hat einen Durchmesser von 13 μm. Die roten Blutkörperchen, Erythrozyten, diskusförmige Scheiben von 7,5 μm Durchmesser, passieren wie wandernde Perlenketten das verzweigte Gebiet. Währenddessen findet der Gasaustausch statt: Sauerstoff wird vom Erythrozyten aufgenommen, Kohlendioxid gibt er ab.

Die Trennwand zwischen Atemluft in der Alveole und Blut in der Kapillare ist nur 1 μm dick. Sie besteht aus drei Zellschichten und trägt den bedeutungsschweren Namen Luft-Blut-Schranke. Sauerstoffmoleküle durchwandern die Schranke mit hoher Geschwindigkeit und werden von den roten Blutkörperchen „eingesammelt". Diese geben gleichzeitig Kohlendioxidmoleküle ab, die in entgegengesetzter Richtung zur Atemluft diffundieren. Der Antrieb für die Gasbewegung ist der Fähigkeit des Blutes zu verdanken, das für die Bewegung der Gasmoleküle notwendige Konzentrationsgefälle einstellen zu können. Bemerkenswert ist, wie reibungslos die gegenläufige Diffusion funktioniert. In der Praxis werden die Konzentrationen gleichwertig als Partialdrücke dargestellt. Am Erythrozyten ist der Partialdruck des Sauerstoffs nahe null, die Sauerstoffmoleküle werden angezogen. Der Partialdruck von Kohlendioxid ist dagegen sehr hoch, die Kohlendioxidmoleküle werden verdrängt. Bei krankhaftem Überdruck im Blutkreislauf können Blutbestandteile in den Luftraum der Lungenbläschen austreten, z. B. kann Wasser in die Lunge übertreten (Lungenödem).

4.1.2 Bronchialbaum

Im stark durchbluteten Nasenrachenraum wird die Atemluft weitgehend auf Körpertemperatur angewärmt und auf nahe 100 % Luftfeuchtigkeit gebracht. Damit bei jedem Atemzug genügend Wärme und Feuchtigkeit an die Luft übertragen werden kann, wird dieser Bereich sehr stark durchblutet.

Die oberen Luftwege enden am Kehldeckel. Er bildet die Weiche zwischen Lunge und Magen. Der Kehldeckel schließt sich nicht nur beim Schlucken während des Essens und Trinkens, sondern gibt auch den Weg zum Magen frei, wenn von den Bronchien abgefangener Staub vom Schleim der Bronchien zum Kehldeckel transportiert wird. Direkt unter dem Kehldeckel schließt sich der Kehlkopf mit den Stimmbändern an. Die Luftröhre überbrückt den Weg bis ins Innere der Lunge, wo die Verzweigung des Bronchialbaums beginnt. Abbildung 4.1 zeigt die Struktur des Bronchialbaumes. Die Verästelungen folgen dem Prinzip der Zweierteilung. In diesem Rhythmus reihen sich 23 Generationen aneinander. Die Verzweigung beginnt mit den beiden Hauptbronchien in scharfen Umlenkungen nach rechts und links. Sie versorgen die rechte und linke Lunge. Die nächste Generation schließt die Lungenlappen an, zwei auf der Herzseite und drei auf der rechten Brustseite. Im gleichen Rhythmus geht es weiter bis zur 16. Generation.

Die Bronchien verjüngen sich schnell, ab der vierten Generation heißen sie Bronchiolen. Ihr Querschnitt verringert sich nach jeder Verzweigung mit der Besonderheit, dass die neue Querschnittfläche größer ist als die Hälfte der vorhergehenden. Das hat zur Folge, dass die Strömungsgeschwindigkeit der Luft nach jeder Teilung abnimmt – ein Effekt, der die Staubabscheidung an den Verzweigungen fördert. Unter Belastung strömt die Luft mit 4 m/s durch die Luftröhre; in den Bronchien der 16. Generation ist ihr Wert auf 1 ‰ abgesunken (0,4 cm/s).

Hauptaufgabe des Bronchialbaumes ist die Luftverteilung. Nicht weniger wichtig ist seine zweite Funktion, die Staubabscheidung. Die Lungenkonstruktion ist ein Kompromiss aus beiden Anforderungen: geringer Strömungsverlust bei bestmöglicher Staubabscheidung. Drei Wirkmechanismen tragen zum Niederschlag des Staubes auf die Bronchialwände bei.

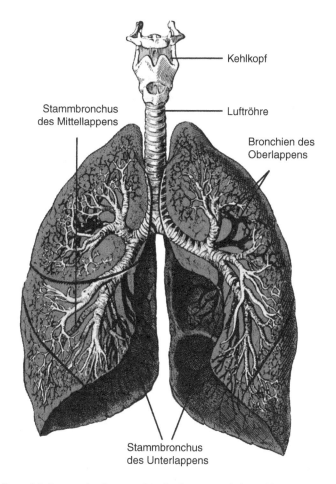

Kehlkopf

Stammbronchus
des Mittellappens

Luftröhre

Bronchien des
Oberlappens

Stammbronchus
des Unterlappens

Abb. 4.1 Bronchialbaum der Lunge. (Nach Thews et al. (2007))

An den „scharfen" Umlenkungen der Bronchienverzweigungen können schwere (große) Partikel aufgrund ihrer Trägheit der Strömung nicht folgen und prallen auf die Wände der Bronchien. Gefördert wird die Abscheidung durch die verringerte Luftgeschwindigkeit nach der Verzweigung. Besonders wirksam ist dieses Prinzip für Teilchen > 5 µm. Die Abscheidung durch Schwerkraft liefert einen Beitrag bei Teilchen > 0,5 µm. Unterhalb dieser Größe bestimmt die Diffusion die Bewegung der Partikel zur Wand.

Der Bronchialbaum mit seinen Verzweigungen ist – natürlich – innen hohl. Er umschließt ein Volumen von etwa 0,15 l. In den Lungenbläschen an den Enden des Baumes verbleiben nach forciertem Ausatmen noch 1,5 l Restvolumen. Beide Volumina zusammen bilden das Rest- oder Totraumvolumen der Lunge. Beim Einatmen wird die verbliebene Luft mit Frischluft vermischt. Das Luftgemisch hat einen gegenüber der Frischluft abgesenkten Sauerstoffgehalt. Der Zustand ist systembedingt und normal. Bei Überblähung oder

Versteifung der Lunge, auch altersbedingt, kann das Restluftvolumen stark ansteigen. Dieser Zustand führt am Ende zu lebensbedrohlicher Unterversorgung mit Sauerstoff.

4.1.3 Der Azinus

Nach der 16. Generation beginnt der Atembereich der Lunge. Das hier folgende Lungenendstück wird wegen seiner traubenartigen, auf Drüsen hinweisenden Gestalt Azinus genannt (nach lat. *acinus* „Traube" bzw. „Beere"). Ein Azinus beginnt mit der Terminalbronchiole, die in der Regel in sechs Verzweigungen ausläuft. Diese Endbronchiole ist vereinzelt mit Alveolen besetzt, deren Zahl stromaufwärts schnell zunimmt, besonders nach weiteren Verzweigungen.

Die zu Bronchiolen verjüngten Bronchien dieses Bereiches nehmen mit den anhaftenden Lungenbläschen an der Atmung teil und werden deshalb *bronchioli respiratorii*, atmende Bronchiolen, genannt. Nach den letzten Verzweigungen enden sie in Alveolarsäckchen, vergleichbar mit kurzen Rohrendstücken, an denen sich etwa 20 Alveolen traubenförmig dicht aneinanderreihen. An den Stellen, an denen sich die Bläschen gegenseitig berühren, sind sie durch dünne Häutchen, die Septen, voneinander getrennt. Durch feine Öffnungen wird Druckausgleich unter den Alveolen hergestellt (Kohn-Poren). Anders betrachtet: Die Septen sorgen mit der Unterteilung der Alveolarsäckchen in gleich große Lungenbläschen für große Austauschflächen für die Sauerstoffaufnahme.

Septen bestehen aus nur drei Zellschichten. Durch körpereigene, nicht regulierte Enzyme des Zellabbaus, die Proteasen, werden die Septen abgebaut – ein Prozess, der sich durch Zigarettenrauch noch verstärkt. Dieser Abbauvorgang wird als Andauung der Lunge bezeichnet. Die Alveolen vereinigen sich dann zu großen Blasen, die an der Atmung nicht mehr teilnehmen (Lungenemphysem).

Ein Azinus arbeitet als relativ selbstständiges, verzweigtes Lungenendstück. Auf seiner Terminalbronchiole mit ihren mehreren Zweigen, den *bronchioli respiratorii*, drängen sich ca. 5000 Lungenbläschen. Der Azinus ist nur 5 mm lang, von eher rundlicher Gestalt und steht am Ende von 60.000 aktiven Teilungen des Bronchialbaumes. Eine vereinfachte schematische Darstellung eines Azinus zeigt Abb. 4.2. Fünf bis sechs Azini bündeln sich zu einem von einer Haut umschlossenen Lungenläppchen. Die Haut trägt zur Stabilisierung des umschlossenen Bereichs während der Atmung bei. Alle Körperorgane trennen sich durch eine Haut voneinander ab.

Die Terminalbronchiole, die den Azinus mit Luft versorgt, hat einen Innendurchmesser von nur 0,6 mm. Bei einem tiefen Atemzug strömt die Luft

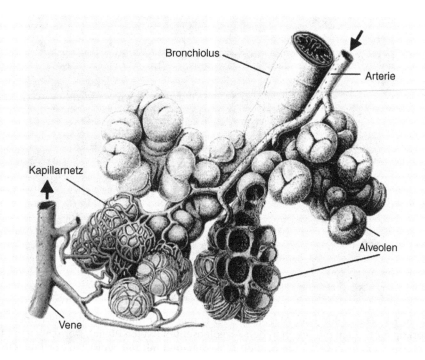

Abb. 4.2 Schematische Darstellung eines Azinus. (Nach Thews et al. (2007))

mit einer Geschwindigkeit von etwa 4–5 cm/s in den Azinus ein. Am Ende der Verzweigungsstrecke, beim Eintritt in die Alveolen, sind es noch knapp 0,1 cm/s. Die Luft kommt zum Stehen und kehrt mit Beginn des Ausatmens ihre Richtung um. Ein Teil des noch in Schwebe befindlichen Staubes wird beim Ausströmen der Luft abgeschieden, der Rest ausgeatmet.

4.1.4 Alveolen, Lungen- oder Atembläschen

Die Lungenbläschen haben Durchmesser zwischen 200 und 300 μm. Zum Größenvergleich: Der Schaft einer Stecknadel hat einen Durchmesser von 500 μm. Bei der Geburt verfügt der Mensch über 24 Mio. Lungenbläschen, die bis zum 8. Lebensjahr auf ihren Endwert von 300 Mio. anwachsen. Das größte Atemvolumen finden wir bei einem jungen Mann von 20 Jahren. Tief ausgeatmet hat seine Lunge ein durchschnittliches Restvolumen von 1,6 l. Nach tiefem Einatmen fasst die Lunge 5,1 l. Das bedeutet für die Lungen-bläschen, dass sie rechnerisch ihren Durchmesser von 200 μm auf 300 μm vergrößern. Die in die Wände der Lungenbläschen eingebetteten Kapillaren des Lungenkreislaufs müssen der Streckung folgen können. Abbildung 4.3 gewährt Einblick in den alveolären Hohlraum eines Azinus.

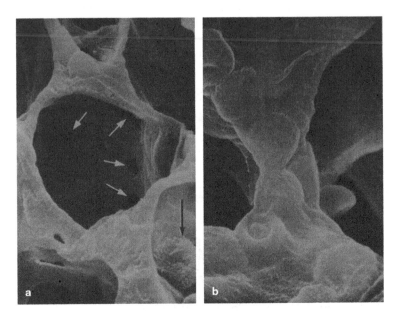

Abb. 4.3 Darstellung der Alveolen in der Lunge einer Maus im Rasterelektronenmikroskop **a** Alveolen mit Poren in den Alveolensepten (weiße Pfeile). Der schwarze Pfeil zeigt auf einen etwa 15 μm großen Makrophagen mit der typischen zottigen Oberfläche. **b** In der dünnen Alveolarwand sind 8 μm große rote Blutkörperchen innerhalb der Kapillaren aufgereiht zu erkennen. (Nach Junqueira und Caneiro (1996))

Die Gesamtfläche aller Bläschen liegt bei etwa 140 m². Unter Berücksichtigung der Zwischenräume der nicht ganz dicht beieinanderliegenden Kapillaren beträgt die tatsächliche Gasaustauschfläche 70–100 m² (Junqueira et al. 2005, S. 296). Die Oberfläche der Bläschen ist glatt und im ausgeatmeten Zustand vollständig von Netzmittel (Surfactant) bedeckt. Ohne Netzmittel würde die Oberflächenspannung die zum Bronchialbaum offenen Bläschen einschrumpfen lassen.

Die hohe Elastizität des Alveolarenbetts lässt mit zunehmendem Alter nach. Das Restvolumen steigt bis zum 60. Lebensjahr von 1,6 l auf 2,2 l an, während das maximale Atemvolumen weitgehend erhalten bleibt. Hauptursache ist die Vereinigung von „Atembläschen" zu großen, unwirksamen Einheiten, dem Anfangsstadium eines Lungenemphysems. Die frisch eingeatmete Luft wird zunehmend mit einer größeren Menge Restluft vermischt, was zur Absenkung des Sauerstoffgehalts in den Lungenbläschen führt, d. h., die Sauerstoffversorgung ist bereits beim gesunden Menschen altersbedingt eingeschränkt. Sinkt der Sauerstoffgehalt krankheitsbedingt weiter, kommt es ab einem bestimmten Niveau zu Atemnot, zunächst bei Belastung, später auch im Ruhezustand. Die Krankheit bleibt zunächst ohne Folgen, weil das System über große Reserven verfügt und ein Mangel lange Zeit ausgeglichen wird. Beim Emphysemiker kann das Restvolumen der Lunge auf 4 l ansteigen.

Anorganischer Staub löst den vermehrten Aufbau von Stützgewebe in den Alveolenwänden aus. Die Lunge verändert sich in Richtung Verdickung und Versteifung der Wände. Das bedeutet Einbuße an Vitalkapazität bei gleichzeitiger Verlangsamung des Gasaustauschs (Lungenfibrose).

4.1.5 Abscheidung von Partikeln

In Abb. 4.4 wird der Abscheidegrad von Partikeln auf den feuchten Wänden der Lunge dargestellt. Dabei wird zwischen dem Niederschlag in den Bronchien und dem in den Alveolen unterschieden.

Beide Kurven ähneln sich. Grobe Partikel zwischen 1 µm und 10 µm werden in den Bronchien bis zu 45 % abgeschieden, in den Alveolen bis 25 %. Hier zeigt sich die Wirksamkeit der Prallabscheidung in den Umlenkungen der Bronchien. Im Größenbereich 0,2–0,5 µm sinkt die Abscheidung in beiden Bereichen auf ein Minimum. Weder Prallabscheidung noch Diffusion haben maßgeblichen Einfluss. Die Partikel bewegen sich mit den Stromlinien der Atemluft. Partikel dieser Größe werden weitgehend wieder ausgeatmet. Bei Partikeln < 0,2 µm steigen die Abscheidegrade wieder an. Die Diffusion lenkt die Partikel zur feuchten Gewebeoberfläche, auf der sie haften.

Noch eine Anmerkung zur Abscheidelücke im Partikelbereich von 0,2–0,5 µm (sog. Akkumulationsmodus): In der Atmosphäre halten sich Partikel

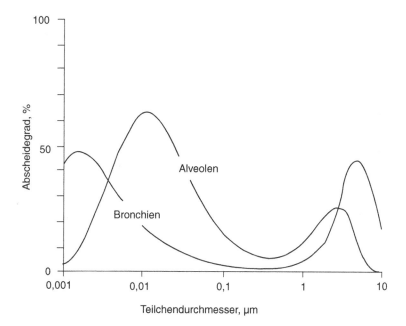

Abb. 4.4 Staubabscheidung in Bronchien und Alveolen (Lungenbläschen). (Nach BGG (2008, S. 1371); Möller et al. (2010, S. 84))

dieses Größenbereichs am längsten in Schwebe. In der Regel werden sie erst durch Regen abgeschieden (vgl. Abb. 1.1).

Der gleiche minimale Abscheideeffekt ist bei HEPA-Austrittsfiltern von Staubsaugern zu beobachten. Für Partikel dieses Größenbereichs ist die Filterwirkung am schlechtesten (vgl. Abb. 3.5).

4.1.6 Atempumpe

Wie kommt die Luft in die Lungenbläschen? Hierbei ist eine Kette von Kraftübertragungen wirksam.

Beim Einatmen muss die Lunge, d. h. die Gesamtheit der 300 Mio. Lungenbläschen, weit gestellt werden. Der in den Bläschen entstehende Unterdruck saugt die Umgebungsluft an. Dazu werden Muskelpartien in zwei Bereichen kontrahiert, was zu einer Vergrößerung des Brustraumes führt. Die obere Brustmuskulatur hebt die Rippen leicht an und vergrößert den Brustraumquerschnitt. Wirksamer ist die Anspannung des Bauchfells. Im Ruhezustand wölbt sich der breite, flache Bauchfellmuskel in den Brustraum hinein. Beim Einatmen spannt er sich und zieht das Lungengewebe mit nach unten. Mit Erschlaffen der Atemmuskeln beginnt das Ausatmen.

Der zum Einatmen notwendige Unterdruck in der Lunge erfordert eine stabile Konstruktion. Der von Rippen umschlossene Brustkorb schafft den unterdruckfesten Raum. Die Lunge selbst haftet mittels Gewebebrücken fest an den Innenwänden des Brustraumes. Im Bereich der Rippen gibt es eine Besonderheit: Es gibt zwei aneinanderliegende Brustfelle. Die Lunge haftet am inneren Brustfell, das wiederum lose am äußeren Brustfell anliegt. Das äußere Brustfell ist mit den Rippen fest verwachsen. Der Zwischenraum ist mit Flüssigkeit gefüllt und wird Pleuraraum genannt. Wenn verletzungsbedingt Luft in den Pleuraraum einströmen kann, fällt die Lunge, meist partiell, zusammen (Pneumothorax).

Mit Anspannung der Brust- und Bauchmuskulatur beginnt das Einatmen. Die Volumenzunahme des Brustraumes weitet die Lunge auf. Die Pleurablätter liegen weiter dicht aneinander; sie geben den Unterdruck an die Lunge weiter. Mit dem Aufweiten der Lunge füllen sich die Alveolen mit Frischluft.

Die elastischen Fasern des Lungengewebes werden gedehnt und bilden einen Teil der notwendigen Rückstellkräfte der Lunge beim Ausatmen. Die Fasern liegen im Zwischengewebe der sich vergrößernden Alveolen und im eingelagerten Kapillarbett des Lungenblutkreislaufs (Rechtsherzkreislauf).

Zur Erhöhung der Rückstellkräfte trägt auch die Oberflächenspannung in den Alveolen bei. Im ausgeatmeten Zustand sind die Alveolen mit spannungsarmem Surfactant bedeckt. Der Surfactant verhindert das Zusammenfallen der winzigen Alveolen. Beim Einatmen vergrößert sich die Oberfläche. Die

Surfactantmenge ist auf konstante Flächenausdehnung geregelt. Die zusätzliche Oberfläche bleibt so wasserfeucht, gekennzeichnet durch hohe Oberflächenspannung (vgl. Abb. 3.7). Der von ihren Rückstellkräften ausgeübte Zug ist so groß, dass die Lunge in sich zusammenfallen würde, wenn sie nicht fest mit dem Brustraum verbunden wäre. Die Lunge bleibt also nach dem Ausatmen unter Zugspannung. Das Einatmen erfordert sowohl Arbeit für Brust- und Bauchmuskulatur als auch für den Aufbau der Rückstellspannungen in der Lunge.

Das Ausatmen beginnt mit dem Entspannen der Brust- und Bauchmuskulatur. Gleichzeitig übernehmen die Rückstellkräfte der Lunge das Austreiben der Luft aus den Lungenbläschen sowie die Weitstellung der gestreckten Kapillaren. Muskeleinsatz ist nur beim forcierten Ausatmen erforderlich.

Im Pleuraraum herrscht immer Unterdruck, d. h., der Zug der Lunge ist immer wirksam. Die höchsten Werte werden beim Einatmen erreicht, die niedrigsten nach dem Ausatmen, wenn Brust- und Bauchmuskel spannungslos sind. Die Messung des Pleuradruckes liefert Aufschlüsse über eventuelle Störungen der Lungenfunktion.

4.1.7 Aussteifung der Lunge

Der Brustkorb ist der größte gegen Unterdruck ausgesteifte Körperteil. Auch die Hohlräume des Bronchialbaumes und der Lungenbläschen würden in sich zusammenfallen, wenn sie nicht ausgesteift wären. Für die Stabilität sorgen in der Luftröhre und in den Hauptbronchien Knorpelspangen, Richtung Bronchiolen übernimmt Stützgewebe die aussteifende Funktion. Bei einer Schwächung der Bronchiolen kann es bei forciertem Ausatmen zum Kollaps der Atemwege kommen. Ursachen dafür können sein Emphysem, häufige Infekte oder Rauchen.

Das Feingewebe der Alveolen ist nicht leicht zu stabilisieren, da es für die Atmung hoch elastisch und gut durchlässig für die Atemgase sein muss. Die Luft-Blut-Schranke der Lunge besteht aus drei Zellschichten und ist nur knapp 1 μm dick. Jede Zellschicht hat eine eigene Funktion: das Epithel als Außenhaut auf der Luftseite, das Interstitium als multifunktionale Zwischenschicht und das Endothel, die Innenschicht auf der Blutseite. Alle Körperorgane grenzen sich durch Epithelschichten voneinander ab. Die größte Bedeutung hat das Interstitium; es ist Sitz von Sonderzellen wie Makrophagen und weiterer an der Immunabwehr beteiligter Zellen. Im Interstitium liegen eingelagert elastische Zellen und dreidimensional wirkende Stützzellen. Manche Staubarten stimulieren übermäßiges Wachstum von Stützgewebe. Damit verbunden ist ein Verlust an Lungenelastizität (Fibrose). Die Verdickung des

Interstitiums behindert den Sauerstofftransport durch die Luft-Blut-Schranke, was das Herz durch höhere Leistung zu kompensieren sucht.

Eine Entzündung des Interstitiums, z. B. durch Viren, kann zur interstitiellen Lungenentzündung führen.

4.1.8 Lungenkreislauf

Die Atemluft strömt durch den Bronchialbaum in die Lunge ein und verlässt ihn als verbrauchte Luft auf dem gleichen Wege. Auf der Blutseite gibt es zwei Bäume. Der arterielle Baum leitet das von der rechten Herzkammer (Rechtsherz) kommende sauerstoffarme Blut zu den Azini. Dort tauscht das Blut Kohlendioxid gegen Sauerstoff. Der venöse Baum sammelt das sauerstoffreiche Blut und leitet es der linken Herzkammer zu. Im „linken Herzen" beginnt der große Körperkreislauf, der alle Organe mit sauerstoffreichem Blut versorgt; dazu gehören auch die Bronchien selbst mit ihrem eigenen Sauerstoffbedarf.

Der arterielle Baum des Lungenkreislaufs verästelt sich 17-mal, jeweils in Mehrfachverzweigungen. Am Ende versorgt der Baum 300 Mio. Kapillaren in Parallelschaltung mit Blut. Als Alveolenadern überziehen sie die Lungenbläschen. Hier befindet sich die engste Stelle des Lungenkreislaufs. Der Durchmesser der Kapillaren liegt bei etwa 13 µm. Die diskusförmigen roten Blutkörperchen mit Durchmessern von 7,5 µm passieren die Kapillaren in der Regel nacheinander. Der Blutstrom transportiert auch größere Zellen in die Region der Kapillaren. Granulozyten haben etwa den gleichen Durchmesser wie die Kapillaren. Sie werden bei Auftreffen von Partikeln in den Alveolen vom Immunsystem angefordert, wandern in die Alveolen ein und lassen sich als Makrophagen auf ihren Wänden nieder.

Die feinen Kapillaren können schnell zum Sieb werden. Durch Stoffwechselstörungen kann organisches Material in den Blutkreislauf gelangen z. B. Blutgerinnsel. In den Kapillaren führt das abgefangene Material zu Lungenembolie. Größere Klümpchen werden bereits in den Ästen des Arterienbaumes abgefangen. Nach der zwölften Verzweigung z. B. misst der Durchmesser der Kapillaren 130 µm. Bei Blockade an dieser Stelle ist ein ganzer Lungenabschnitt von der Embolie betroffen. Auch Krebszellen bleiben hängen und können sich zum gefürchteten Streukrebs in der Lunge entwickeln.

Die Sauerstoffaufnahme der Blutkörperchen ist ein sehr schneller Vorgang. In 0,1 s sind sie zu 90 % mit Sauerstoff beladen, nach 0,3 s bereits mit Sauerstoff gesättigt. Ebenso schnell wird Kohlendioxid abgegeben. Nach dem Gasaustausch sammelt sich das sauerstoffbeladene, jetzt venöse Blut im Venenbaum und wird vom (linken) Herzen angesaugt.

Die Funktionen von Herz und Lunge sind eng verknüpft. So reagiert das Herz auf Sauerstoffunterversorgung mit Überdruck. Er kann lebensbedrohende Wirkung haben.

Unser Körper hat einen Mechanismus entwickelt, der gewährleistet, dass die Blutkörperchen in der Lunge stets vollständig mit Sauerstoff beladen werden. Dazu werden schwach belüftete Lungenbereiche von der Blutzufuhr zugunsten verbleibender Bezirke (Euler-Liljestrand-Mechanismus) abgeschaltet. Der Effekt ist im Ruhezustand besonders ausgeprägt und zeigt die Flexibilität unseres Atemsystems (Herold 2012).

4.2 Reinigungssystem des Atemtraktes

4.2.1 Obere Atemwege und Bronchien

Die beiden Aufgaben des Atemtraktes, Luftzufuhr und Reinigung von Schwebstoffen bei geringem Atemwiderstand, führten zur Entwicklung des mehrstufigen Abscheidesystems. Die Atemwege sind darauf eingestellt, kurzzeitig hohe Partikelbeladungen der Luft abzufangen. Die Oberflächen des Atemtraktes werden von Schleimdrüsen, die im Gewebe eingelagert sind, feucht gehalten, was das Anhaften von Partikeln an den Oberflächen verbessert. Grobe Teilchen werden zuerst entfernt, jede folgende Filterstufe scheidet Teilchen des nächstkleineren Größenspektrums ab, sodass in die Lungenbläschen vornehmlich Teilchen im Nanoformat einströmen. Es können aber auch $1\,\mu m$ große Krankheitskeime bis tief in die Lunge vordringen.

Im Nasenrachenraum werden große Partikel $> 10\,\mu m$ abgefangen. Die Oberflächen von Rachenraum, Luftröhre und Bronchien sind von Flimmerhärchen überzogen (vgl. Abb. 4.5). Der auf diesem feuchten Teppich abgeschiedene Staub bleibt nicht lange liegen. Er verbindet sich mit dem Mukus, einer dünnen Schleimschicht. Rhythmische Bewegungen der Flimmerhärchen mit 20 Schlägen pro Sekunde transportieren den beladenen Schleim aus dem Rachenraum gegen die Richtung der einströmenden Luft zurück zur Nase, aus der er mechanisch entfernt wird (Bein und Pfeifer 2010).

Aus den unteren Atemwegen, d. h. aus Stamm (Luftröhre) und Ästen (Bronchien) des Bronchialbaumes, wird der mit Staub beladene Mukus aufwärts zum Kehldeckel (Glottis) gefördert. Mit einer Schluckbewegung gibt die Glottis den Weg frei in Richtung Magen, der die weitere Entsorgung übernimmt. Je tiefer der Staub in die Lunge eindringt, umso länger dauert es, bis der betroffene Lungenbezirk wieder freigeräumt ist. Nase und Rachenraum entfernen den weitaus größten Anteil der im Atemtrakt abgefangenen Partikel. Einen Überblick über Reinigungszeiten gibt Tab. 4.1)

Abb. 4.5 Flimmerhärchen im Rasterelektronenmikroskop – Ausschnitt aus einem Bereich, in dem Flimmerzellen überwiegen; eingestreut erkennbar sind Schleim produzierende Becherzellen. (Nach Junqueira und Caneiro (1996))

Der Mukus schwimmt auf einer dünnflüssigen Unterschicht, die für leichte Beweglichkeit der Flimmerhärchen sorgt. Erhöhter Staubniederschlag, wie etwa beim Zigarettenrauchen oder bei Schleifarbeiten, veranlasst die Schleimdrüsen zur vermehrten Produktion von Mukus. Die Atemwege verengen sich. Der Zustand löst Hustenreiz aus. Als erstes schließt sich der Kehldeckel, danach wird im Bronchialbaum so viel Druck aufbaut, dass bei Entspannung der Mukus mit hoher Geschwindigkeit ausgetrieben wird; bis zur halben Schallgeschwindigkeit ist dabei möglich. Andauernde übermäßige Staubbelastung schädigt das Flimmerepithel, die Flimmerhärchen werden gelähmt. Lang anhaltende Mundatmung besonders bei niedrigen Temperaturen führt ebenfalls

Tab. 4.1 Selbstreinigung der Atemwege von Partikeln in Richtung Kehldeckel mit Schlucken in den Magen. (Möller et al. 2010, S. 90)

Ausgangsorgan	Dauer des Transportes zum Kehlkopfdeckel	
Luftröhre/Kehlkopf	15	Minuten
Hauptbronchien	2½	Stunden
Bronchiolen	12	Stunden
Alveolen	3	Jahre[a]

[a] praktischerweise geht man von einer Halbwertszeit von einem Jahr aus

zur Lähmung des Flimmerepithels. Die Reinigungsleistung wird reduziert, sodass im Staub enthaltene Krankheitskeime sich in den Bronchien festsetzen und Kolonien bilden können – der Beginn einer Atemwegserkrankung.

4.2.2 Azini und Alveolen

In den Azini, den atmungsaktiven Lungenendstücken, sind die Oberflächen der Bronchiolen glatt und werden wie die höheren Atemwege dauernd feucht gehalten. Das Gleiche gilt für die Oberfläche in den Alveolen, die z. T. von Netzmittel (Surfactant) bedeckt ist. In einem Übergangsbereich, in den Verzweigungen der Bronchiolen von 17–19, gibt es vereinzelt noch Flimmerzellen, die stromaufwärts rasch abnehmen. Gegenläufig nimmt der Besatz mit Alveolen zu. Die Abwehr der noch in diesen Bereich eindringenden Partikel hat sich umgestellt von der Oberflächenabwehr durch Zilien (Flimmerhärchen) auf die vorübergehende Aufnahme in das Gewebe. Die Partikel werden vom Immunsystem aufgespürt und anschließend von Makrophagen umschlossen, regelrecht verschluckt. Wenn die Partikel auf Surfactant treffen, werden sie davon eingehüllt. Das Netzmittel macht die Partikel auf der Oberfläche der Alveole sehr beweglich. Den Makrophagen hilft diese Umhüllung bei der Aufnahme der Partikel.

4.2.3 Der Makrophage, Fresszelle für Mikroorganismen und leblosen Staub

Aus der Funktion des Makrophagen, nämlich Bakterien, Pilze und Viren zu vertilgen, leitet sich die Bezeichnung Fresszelle ab. Der zweite Name, Staubzelle, deutet darauf hin, dass die Abwehrzelle auch leblose Partikel angreift und versucht, sie aufzulösen.

Bis zu 50 Makrophagen sind im Epithel eines Lungenbläschens eingelagert (Junqueira et al. 2005, S. 300). Sie besitzen die Fähigkeit, Fremdstoffe, darunter auch feste Partikel, einzuschließen und mit Hilfe spezieller Enzyme, Proteasen, abzubauen – soweit diese dem Abbau nicht widerstehen. In abgegrenzten, kugelförmigen Bereichen innerhalb der Zelle, den Lysosomen, stellen sich dazu günstige Bedingungen ein, wie z. B. ein sauer reagierendes Milieu. Der mit 15–20 µm relativ große Makrophage schließt wie ein Krake Viren, Bakterien, Pilzsporen oder Staubpartikel ein und beginnt sie zu verdauen. Er wird durch Enzyme der Immunabwehr angeregt, kann aber auch selbst durch Abgabe von über 100 Enzymen Hilfe von der Immunabwehr anfordern. Die Lebensdauer eines Makrophagen ist relativ kurz; sie wird im Mittel auf 100 Tage geschätzt, danach ist er verbraucht und wird selbst aufgelöst. Unter manchen Bedingungen ist seine Existenz von längerer

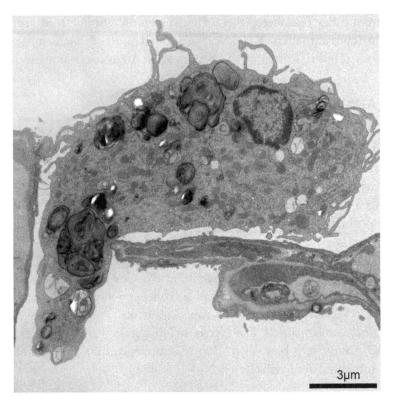

Abb. 4.6 Makrophage in der Lunge einer Maus, elektronenmikroskopische Aufnahme. Wahrscheinlich wandert der Makrophage durch eine Kohn'sche Pore von einer Alveole zur nächsten. (Nach Mühlfeld und Ochs (2010))

Dauer. Abbildung 4.6 zeigt einen Makrophagen bei der Wanderung durch die Septenöffnung zwischen zwei Lungenbläschen (Kohn-Pore) sowie beim Abbauversuch einer Glasfaser (vgl. Abb. 4.7). Makrophagen kommen bei der Partikelbekämpfung einander zu Hilfe, wenn es z. B. die Größe eines Partikels erfordert.

Wo kommt der Nachschub her? Im Knochenmark, z. B. in den Beckenknochen, werden verschiedene Arten von Abwehrzellen produziert, so auch Monozyten, die zu den weißen Blutkörperchen gehören. Sie werden von Zellen des alveolaren Gewebes angefordert, wenn Fremdkörper wie Krankheitskeime dort auftreffen. Monozyten können sich aktiv bewegen. Mit dem Blutkreislauf wandern sie in das Lungengewebe ein. Auf ein Signal hin wandern sie ins alveolare Gewebe ein und setzen sich als Makrophage fest, wobei sie weitgehend ihre Beweglichkeit verlieren. Ein Makrophage ist in der Lage, Viren, Bakterien und Rauchteilchen aktiv einzuschließen. Die Verdauung organischer Substanz und Auflösung anorganischen Materials ist als natürlicher

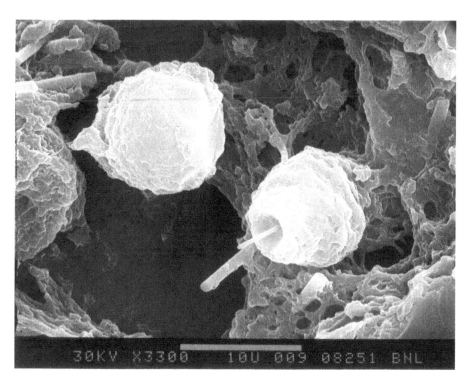

Abb. 4.7 Makrophage, der vor 18 Monaten eine lange Glasfaser teilweise verschlungen hat. (Nach Bernstein et al. (1984))

Vorgang anzusehen. Bei festen, schwer löslichen Teilchen dauert der Vorgang länger. Unlösliche Partikel wie Quarzstaub oder toxischer Tabakrauch führen zum Untergang überforderter Makrophagen. Die Reste dieses Gemisches ballen sich zu schwarzen Knötchen zusammen und schwärzen die Lunge. Vereinzelt können sich Krankheitskeime dem Abbau durch Makrophagen entziehen, was besonders von Viren bekannt ist. Ein Tuberkulosebakterium überdauert in einer speziellen, wachsartigen Verkapselung in der Lunge.

Für den vollständigen Abbau der Reststücke aus Überlastungsphasen *(overload)* rechnet man mit einer Halbwertzeit von ca. 12 Monaten (vgl. Tab. 4.1). Nach dieser Zeitspanne findet sich noch die Hälfte der Partikel als schwarze Knötchen in der Lunge. Zu den wenigen, nicht abbaubaren Staubarten gehören kristalliner Quarz und die Fasern der Gesteinsart Asbest, besonders dann, wenn ein Makrophage sie wegen ihrer Länge nicht komplett einschließen kann und sie aus ihm herausragen. Solche Partikel verbleiben über Jahrzehnte im Körper und lösen durch Dauerreiz ein Überschießen unseres Immunsystems aus. Die Folgen werden erst nach Jahren sichtbar – als Fibrose und Krebs.

4.2.4 Partikelwanderung im Körper

Von den Makrophagen aufgelöste Partikel werden über Lymph- und Blutkreislauf zur Niere geleitet und ausgeschieden. Die meisten organischen Stäube einschließlich vermehrungsfähiger Keime werden auf diese Weise aus der Lunge entfernt. Bei Beladung mit nicht abbaubaren Partikeln können Makrophagen aus dem Oberflächengewebe der Lungenbläschen in Richtung zilierter Bereiche der Bronchien abwandern. Dort werden sie von Zilien erfasst und ausgetragen. Der Vorgang ist eine langsame, aber wirksame Reinigungsmethode. 1 % der Lungen-Makrophagen befindet sich verteilt im Bronchialbaum. Andere Partikel werden zum Lymphstrom dirigiert und zum nächsten Lymphknoten geschleust. Dort werden sie ebenfalls von Makrophagen erwartet.

Wie die Luft-Blut-Schranke durchlässig ist für Makrophagen, die von der Blutseite einwandern, so zeigen Messungen, dass Nanoteilchen von der Luftseite ins Blut übergehen. Der Blutstrom trägt die Partikel zu allen Geweben und Körperorganen wie Leber, Milz, Nieren und auch ins Gehirn, obwohl das Gehirn mit einer eigenen, hochwirksamen Blut-Gehirn-Schranke ausgerüstet ist.

Über Leber, Galle und Niere können keine nennenswerten Mengen dieser Partikel – einschließlich ihrer Weiterleitung in Richtung Darm und Blase – ausgeschleust werden. Die Nanoteilchen verbleiben lange in den Organen. Die Wirkung der im Körper vagabundierenden Nanoteilchen wird intensiv untersucht, z. B. unter Regie des Umweltbundesamtes. Besonders schädlich können Metallverbindungen in Metallrauchen sein wie z. B. Nickel im Zigarettenrauch.

Nanopartikel werden auch längs der Nervenbahnen transportiert. Bekannte Ausgangspunkte sind die Riechkolbenzellen der Nase und die Geschmacksknospen in der Mundschleimhaut. Die Verbindung zwischen Riechkolben und Gehirn wird durch eine einzige Zelle hergestellt. So können bestimmte Nanopartikel die Blut-Gehirn-Schranke überwinden. Als treibende Kraft wirken elektrische Kräfte (Potenziale). Die Auswirkungen werden untersucht (Ranft et al. 2009; Calderón-Garciduenas et al. 2012).

Die längste Verweilzeit in der Lunge weisen anorganische Fasern auf, die länger sind als der Durchmesser eines Makrophagen, also über 15 µm. Chemisch beständige Asbestfasern (meist Weißasbest) wandern durch das Lungengewebe bis zum Bauchfell, wo sie nach vielen Jahren Lungenkrebs auslösen können, selbst nach 50 Jahren noch. Der Höhepunkt der Asbesterkrankungen in Deutschland wird für das Jahr 2020 erwartet. Etwas überraschend ist der Befund, dass Asbestfasern von einer Länge < 5 µm keinen Krebs auslösen, was für die Ausschleusung beladener Makrophagen in Richtung zilierter Bereiche spricht (Bernstein 2006).

Bei starken Rauchern sind die Reinigungsmechanismen überfordert und es kommt zur vorübergehenden Schwärzung der Lunge, die nach Einstellung des Rauchens zurückgeht, jedoch nicht ohne bleibende Schäden am Lungengewebe zu hinterlassen. Noch 20–40 Jahre nach Einstellung des Rauchens kann Lungenkrebs sichtbar werden. Zigarettenrauch setzt sich aus über 2000 chemischen Verbindungen zusammen. Viele davon sind giftig, einige krebserzeugend (Benzo(a)pyren, Nickel).

4.3 Versagen des Abwehrsystems und Krankheitsbilder

4.3.1 Allergien

Unser Immunsystem ist auf wechselnde Staubbelastung eingestellt. In Zeiten der Überlastung des Atemtraktes angesammelte Stäube werden in Ruhephasen abgebaut. Hauptwerkzeuge dabei sind Zilienbett und Makrophagen. Bestimmte Stäube führen bei entsprechender Disposition des Menschen zu allergischen Reaktionen. Auslöser sind Eiweißstoffe an der Oberfläche der Partikel oder ganze Eiweißpartikel. Einfache, kurzkettige Moleküle lösen in der Regel keine Allergie aus.

Staub wirkt zunächst mechanisch auf die Schleimhäute von Nase, Rachen, Bronchien und auch Alveolen ein. Die Reaktion des Immunsystems führt zur Ausschüttung von Botenstoffen, z. B. Histaminen, die für das Anschwellen der Schleimhäute von Augen und Atemwegen sorgen. Augentränen (Konjunktivitis), Schnupfen (Rhinitis) und Atemnot (Bronchialasthma) sind Krankheitsbilder solcher Attacken, die besonders immungeschwächte Personen heimsuchen. Die Symptome verschwinden vollständig, wenn die Auslöser der Beschwerden beseitigt werden.

Die allergische Reaktion kann verspätet nach einer Sensibilisierungsphase eintreten (TRGS 907). Blütenpollen haben diese Eigenschaft. Die Medizin benutzt anstelle des allgemeineren Ausdruckes Allergene den spezielleren, eingrenzenden Begriff Antigene. Antigene lösen die Bildung von Antikörpern aus, die die Arbeit der Makrophagen unterstützen. Die ideale Immunantwort besteht in der Vernichtung von Krankheitskeimen bei gleichzeitiger Unterdrückung überschießender Reaktionen, z. B. Anschwellen von Gewebe.

Allergieauslöser wie Eiweißpartikel auf Tierhaaren, in Katzenspeichel oder Milbenkot können zu chronischen Episoden werden. Je älter der Staub ist, umso vielfältiger ist das Molekülgemisch, das an seiner Oberfläche haftet. Schlagen Sie ein Buch auf, das lange im obersten Bücherregal gestanden hat, dann werden Sie sofort von einem Niesreiz heimgesucht. Bei diesen Sofort-

Tab. 4.2 Auswahl von Allergieauslösern. (Nach TRGS 907)

Allergenträger	Allergen
Pflanzen, Gräser	Pollen
Nahrungs- und Futtermittel	Stäube
Weizen und Roggen	Getreidemehlstäube
Haustiere	Federn, Haare, Hautschuppen, Speichel
Milben (z. B. Hausstaubmilben)	Milbenausscheidungen
Häusliche Brennstoffe	Rauch von Zigaretten, Kerzenruß
Vorhänge, Bücher	Alter Staub
Brennstellen im Außenbereich	Ruß von Dieselfahrzeugen, Kleinfeuerungsanlagen

reaktionen spielt die pathogene Wirkung von Krankheitserregern wie Viren, Bakterien und Pilzen vorerst keine Rolle. Beispiele für Allergieauslöser sind in Tab. 4.2 zusammengestellt.

Allergische Reaktionen der oberen Atemwege stehen in der Regel am Beginn aller Krankheiten des Atemtraktes. Erreicht die Krankheit im weiteren Verlauf die Bronchien, so spricht man von einem Etagenwechsel. Mit den Mitteln der modernen Seuchenkunde, der Epidemiologie, konnte nachgewiesen werden, dass Verkehrsstaub, besonders Feinstaub der Größenklasse $PM_{2,5}$, das Lungengewebe sensibilisiert (Morgenstern et al. 2008). Ab 50 m Entfernung von der Hauptstraße klingt der Einfluss des Feinstaubes ab. Als Folge der Sensibilisierung wird die Entwickelung anderer Atemwegserkrankungen wie Pollenallergie und Heuschnupfen bis hin zu Bronchialasthma gefördert. Der Effekt der Symptomverstärkung tritt besonders bei Rauchern auf.

Vor natürlichen Antigenen, z. B. vor Auslösern des Heuschnupfens, schützt die Immunisierung im frühen Kindesalter – sogar oft ein Leben lang.

4.3.2 Fibrose, Alveolitis, Krebs

Feinstäube aus kristallinem Quarz oder Asbest dringen bis in die Lungenbläschen vor und können bei lang anhaltender Einwirkung zu krankhafter Gewebeveränderung führen (vgl. Tab. 4.3).

Der Dauerreiz durch kristalline, kantige Quarzpartikel führt zu anhaltender Entzündung, die das Wachstum von Bindegewebszellen anregt. Diese Zellen wandern in die dünnen Alveolenwände ein und vernetzen sich dort zu steifem, dicken Gewebe, wodurch der Sauerstofftransport behindert wird. Das Atemvolumen nimmt ab (vgl. Abb. 4.8). Die Elastizität des Lungengewebes geht gleichzeitig zurück mit Anzeichen einer Versteifung. Der Betroffene leidet unter einer Fibrose, hier speziell unter einer Silikose. Die Lunge ist trotz

Tab. 4.3 Von anorganischen Stäuben ausgelöste Berufskrankheiten (Staublunge)

Quarz	Silikose
Asbest	Asbestose
Steinkohle (mit Quarz als Staubbegleiter)	Anthrakose

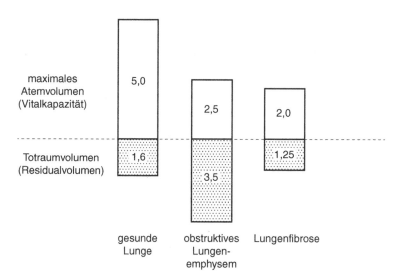

Abb. 4.8 Einschränkung der Atmung bei Emphysem und Fibrose, z. T. altersbedingt. (Modifiziert nach Herman (2007) Fig. 9.18)

Anstrengung nicht in der Lage, den Körper bei Belastung mit genügend Luft zu versorgen (Herman 2007).

Bergleute waren von der Krankheit besonders betroffen, mussten ihre Arbeit aufgeben und verbrachten die letzte Zeit ihres Lebens bei stark eingeschränkter Bewegungsfähigkeit zu Hause. Als letzte Verbindung zur Außenwelt blieb ihnen, mit den Ellbogen auf ein Kissen gestützt, der Blick aus dem Fenster. Doch schon bald mussten die Nachbarn beobachten, dass die Invaliden „weg vom Fenster" waren (Piekarski 2006). Meist vergehen 10–15 Jahre bis zum eindeutigen Nachweis einer Silikose. Heilbar ist sie nicht. Der anhaltende mechanische Reiz der Quarzpartikel wird als Ursache für Lungenkrebs angesehen. Die Vorstellung geht dahin, dass die überforderten Makrophagen reaktive Sauerstoffverbindungen freisetzen. Diese reaktionsfähigen Spezies sind ihrerseits in der Lage, die DNA zu verändern.

Für den normalen Büromenschen stellt die Silikose als Krankheit in der geschilderten Ausprägung keine Gefahr dar. Abhängig von Menge und Dauer der Einwirkung greifen granuläre, unlösliche Stäube jedes Lungengewebe an. Mögliche Schädigungen bleiben bei den großen Reserven der Lunge meist unerkannt. In Hinblick auf die heute erfreulich hohe Lebenserwartung sollte

Tab. 4.4 Von organischen Stäuben ausgelöste Berufskrankheiten nach Herold (2012)

Staubexposition	Antigen	Krankheit
	Bakterien	
Heu (schimmelnd)	Aktinomyzeten	Farmerlunge
Luftbefeuchter	Bacillus cereus	Befeuchterlunge
	Pilzsporen	
Biomüll	Aspergillus	Müllarbeiterlunge
Obststaub	Penicillium	Obstbauerlunge
Weinbau	Botrytis cinerea	Spätleselunge
	Tierische Antigene	
Feinstaub, Vogelexkremente	Antigene von Tauben und Ziervögeln	Vogelhalterlunge

man aber auch kleine Beiträge zur Einschränkung der Lungenfunktion im Auge behalten. Generell gilt für die Gefährdung durch Staub, dass es keine untere Belastungsgrenze gibt, unterhalb der mit keinen gesundheitlichen Gefahren zu rechnen wäre.

Die Problematik von Asbest ähnelt der des Quarzstaubes. Bei Dauerbelastung bildet sich eine Asbestose aus. Verschärft wird die Belastung durch die Faserstruktur von Asbest. Ein Großteil der Partikel schlägt sich an den Verzweigungsstellen der Bronchien nieder, wo sie ihre bösartige Wirkung entfalten. Besonders die längeren Fasern über 5 µm sind Auslöser von Bronchialkrebs. Die spießartigen Fasern wandern vom Ort ihres Auftreffens durch das Lungengewebe und manifestieren sich nach 15–50 Jahren als Brustfellkrebs. Die Nadeln richten sich in Strömungsrichtung aus, auch in den Bronchien. Der Parallelflug der Fasern mit den Stromlinien der Atemluft lässt lange Asbestnadeln bis in den Alveolenraum vordringen. Der Umgang mit Asbest ist seit 1993 in Deutschland und seit 2005 in der EU verboten.

Während mineralische anorganische Stäube die Lungenbläschen aggressiv angreifen und zur Fibrose führen, zeigen organische Stoffe eine ähnliche, aber mildere Verlaufsform, an deren Ende eine Alveolitis steht (Herold 2012). Organische Allergene lösen Entzündungsreaktionen in den Alveolen aus, die mit dem Ende der Allergenbelastung wieder verschwinden. Erst nach langer Zeit der Einwirkung bildet sich eine unheilbare Fibrose. Die Entwicklungspfade der entsprechenden Berufskrankheiten zeigt Tab. 4.4.

4.3.3 Bronchitis und Bronchiolitis

Eine akute Bronchitis wird zu 90 % von Viren ausgelöst, die über Tröpfchen in die Atemwege gelangen. Die Folgen kennen Sie, Hals- und Kopfschmerzen, Schluckbeschwerden. Je nach Immunlage folgt eine Besiedelung mit bakteriellen Pneumokokken, die wiederum weiße Blutkörperchen in großer Zahl aktivieren. Nach getaner Abwehrarbeit sterben sie ab und verengen die Luftwege (Obstruktion). Das Abhusten der eitrigen Substanz (Auswurf) ist Bestandteil der Therapie bis zur vollständigen Auflösung der Obstruktion.

Der Schnupfen betrifft die oberen Atemwege. Bei einem Etagenwechsel erfassen die Erreger auch die Bronchien. Mit jedem Etagenwechsel eskaliert die Erkrankung. Bei einem weiteren Wechsel greift die Entzündung von den Bronchien auf die tiefer liegenden Bronchiolen über. Die Bronchitis eskaliert zur Bronchiolitis. Die Bronchiolen mit Durchmessern < 1 mm schwellen so stark an, dass die Gefahr des Verschlusses besteht. Vor allem das Ausatmen wird erschwert und der Betroffene wird von asthmaähnlicher Atemnot geplagt. Besonders Kleinkinder sind betroffen.

Eine sich langsam anbahnende Bronchitis muss von einem spontan auftretenden Asthmaanfall unterschieden werden. In einen Asthmaanfall hustet man sich hinein, aus einer obstruktiven Bronchitis heraus (Herold 2012).

4.3.4 Chronische Bronchitis, Lungenemphysem

Eine chronische Bronchitis ist anzunehmen, wenn die Entzündung mit Schleimproduktion mindestens drei Monate anhält und sich im jährlichen Rhythmus wiederholt. Jeder zweite Raucher im Alter über 40 Jahre leidet daran (Herold 2012). Altersbedingt geht die Weitstellung der Bronchiolen beim Einatmen zurück, was zusätzlich zur Behinderung der Atmung beiträgt.

Anhaltend hohe Staubbelastung, oft berufsbedingt, und häufige Infektionen der Atemwege fördern die Entwicklung einer chronisch-obstruktiven Bronchitis, im Volksmund „Raucherlunge" genannt. Typisch sind Husten, besonders morgendliches Abhusten des Bronchialschleims, sowie Atemnot, die den Patienten bei körperlicher Belastung, im fortgeschrittenen Stadium auch im Ruhezustand plagt. Mit fortschreitender Krankheit wird die Auskleidung der Bronchien nachhaltig geschädigt. Es kommt zur Lähmung und anschließendem Abbau des Flimmerepithels sowie Schwächung der Bronchienwände mit der Gefahr, dass die Bronchien sich extrem verengen oder gar kollabieren. Teile der Lunge werden von der Versorgung abgeschnitten und damit funktionslos. Zum Trost sei angemerkt, dass die einfache chronische Bronchitis ausheilt, wenn die Rauchbelastung abgestellt wird. Mit Fortschreiten der obstruktiven Bronchitis beginnt auch die Lebenserwartung zu sinken. In Abb. 4.9 wird die Eskalation der staubbedingten Lungenkrankheiten im Gesamtzusammenhang dargestellt. Generell reagieren Zilien empfindlich auf hohe Staubbelastung, den *overload*. Die Selbstreinigung der Bronchien bricht ein und Infektionsherde können sich ausbreiten.

Eine drastische Verschlechterung der chronisch-obstruktiven Bronchitis tritt dann ein, wenn Abbauvorgänge das Feingewebe der Azini erfassen. Im

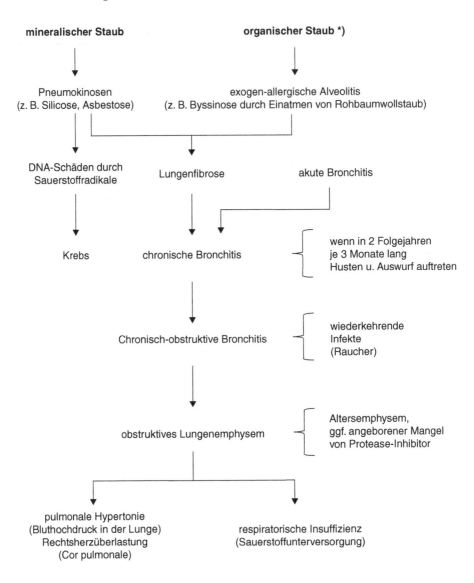

Abb. 4.9 Vom Staub bevorzugt ausgelöste Krankheitsbilder

gesunden Lungengewebe sorgen Proteasehemmer dafür, dass der natürliche Abbau von verbrauchtem Zellgewebe nicht überhandnimmt. Staubpartikel, besonders aus Zigarettenrauch, verhindert die bremsende Wirkung der Proteasehemmer. So verschwinden Septen, die Trennwände zwischen den Alveolen; durch deren Vereinigung kommt es zur Bildung von größeren Luftblasen

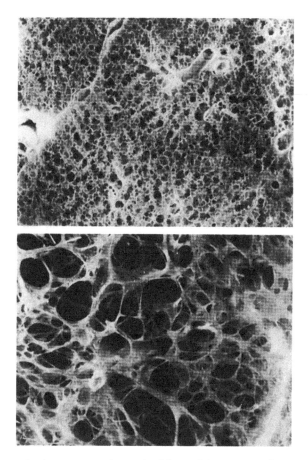

Abb. 4.10 Normales Lungengewebe und solches mit Lungenemphysem. (Nach Thews et al. (2007))

(vgl. Abb. 4.10). Gleichzeitig kollabieren die Bronchiolen und schließen die Luftblasen ein. Es entwickelt sich ein Lungenemphysem, das mit einer Veränderung des menschlichen Erscheinungsbildes verbunden ist. Der Brustkorb schwillt an, die Rippen stehen waagrecht und das Zwerchfell wird nach unten gedrückt. Das Totvolumen der Lunge nimmt zu (vgl. Abb. 4.8). Die Symptome werden in der Bezeichnung Fasslunge zusammengefasst.

Die Auswirkungen auf die Luftversorgung der Lunge sind dramatisch: Die Atmung verflacht, tiefes Durchatmen ist nicht mehr möglich. Hinzu kommen zwei weitere Risiken: ein altersbedingter Gewebeabbau (Altersemphysem) sowie veranlagungsbedingter Enzymmangel (α1-PI-Mangel). Wiederholt auftretende Pneumokokkeninfektionen (Lungenentzündung) beschleunigen den Krankheitsverlauf. Bei einem mittelschweren Emphysem verdoppelt sich das Restvolumen in der Lunge, sodass immer weniger Frischluft eingeatmet werden kann. Im Endstadium beginnt das Einatmen reflexartig schon dann, wenn das Ausatmen noch nicht abgeschlossen ist. Das Stadium der respiratorischen Insuffizienz ist erreicht. Das Rechtsherz versucht, den Sauerstoffmangel des Blutes durch Druckerhöhung zu kompensieren, auf Kosten seiner Überlastung und stark herabgesetzter Lebenserwartung. Der Tod kann plötzlich durch Herzrhythmusstörungen eintreten (Herold 2012).

4.3.5 Infektionen

Eine Reihe von Krankheitserregern, wie Bakterien, Viren und Pilzsporen, benutzen auch die Luft als Medium zur Ausbreitung. Beim Einatmen setzen sich die Keime dieser Spezies in Nasenraum, Hals, Bronchien und Lungenbläschen ab. Die feuchtwarme Umgebung wäre der ideale Ort, sich hier festzusetzen und mit dem Wachstum zu beginnen. Das Abwehrsystem der oberen Atemwege transportiert diese Biopartikel wie andere Staubteilchen auch mit dem Mukus zum Magen. In den Lungenbläschen fangen die Makrophagen die Partikel ein und bauen sie ab; Mediziner benutzen hierfür den Ausdruck „sezernieren".

Bakterien und Viren werden meist in Tröpfchen eingeschleppt. Mit diesem Trägermedium werden sie bereits in die Luft abgegeben und überleben in der feuchten Umgebung. Ihre Überlebenszeit außerhalb des Wirtes ist jedoch von sehr unterschiedlicher Dauer.

Pilze und einige Bakterien können sich verkapseln und Sporen bilden. Auch Viren bilden zum Überleben eine schützende Hülle aus. In einer Kapsel kommt der Stoffwechsel des Erregers zum Stillstand und der „Keim" kann lange Zeit lebensfähig überdauern. Zur Auslösung einer Infektion reicht ein einzelner Keim nicht aus. Beim Lungenmilzbrand (Bacillus anthracis) z. B. rechnet man mit mindestens 1000 Keimen, beim Norovirus (Gastroenteritis) reichen bereits 100 Viren aus.

4.3.5.1 Viren

Sie gelten als kleinste Erreger mit genereller Verbreitung. Ihre Abmessungen liegen zwischen 20 und 100 nm, also etwa bei einem Zehntel der Größe von Bakterien, die bei etwa 1 µm liegen. Im Bewegungsverhalten unterscheiden sich Viren nicht von Nanopartikeln der unbelebten Natur. Viren besitzen keinen eigenen Stoffwechsel und werden deshalb nicht zu den Lebewesen gerechnet. Wegen ihrer geringen Größe wandern sie leicht in das Zwischengewebe des Atemtraktes ein und beginnen dort mit der Vermehrung und Ausbreitung. Viren sind zu 90 % die Ursache einer akuten Bronchitis. Dringen die Viren bis in die Stützgewebeschicht der Alveolen vor, können sie dort Auslöser einer speziellen Lungenentzündung werden, der sog. interstitiellen

Lungenentzündung. Die Symptome sind ähnlich der einer Lungenfibrose: trockener Reizhusten, Atembeschwerden, Fieber.

Die bekanntesten Infektionen werden durch den Grippevirus, Myxovirus influenzae, ausgelöst. 80 % der Infektionen verlaufen symptomlos oder mit nur leichter Erkältung. Bei immungeschwächten und älteren Menschen bricht die Krankheit häufiger aus und quält mit einem Bündel an Symptomen: Frösteln, Fieber, Abgeschlagenheit, Schnupfen, Hals-, Kopf-, Glieder- und Muskelschmerzen. Wegbereiter für die Ausbreitung im Körper sind bakterielle Infektionen der Atemwege. Bakterien produzieren ein Enzym, das in Gestalt einer Protease die Hülle der Viren angreift und so deren massenhafte Vermehrung ermöglicht. Die Grippe erweitert sich um eine Lungenentzündung (Influenzapneumonie). Für den gefährdeten Personenkreis bietet sich die Schutzimpfung gegen Grippe an. Zusätzlich empfiehlt sich die Impfung gegen Pneumokokken, den Wegbereitern der Lungenentzündung.

Die Grippeviren verändern sich ständig genetisch und in Abständen von einigen Jahrzehnten wird mit einer Pandemie gerechnet. Die Erinnerung an die Spanische Grippe mit 25 Mio. Toten, die in mehreren Wellen von 1918–1920 grassierte, beflügelt die jährlichen Vorsorgemaßnahmen.

Mit Tröpfchen übertragene Viren sind Auslöser vieler sich epidemisch verbreitender Krankheiten wie Mumps (Ziegenpeter), Windpocken oder Gürtelrose. Zu den meldepflichtigen Krankheiten dieser Gruppe gehören Röteln und Masern.

4.3.5.2 Bakterien

Bakterien besiedeln die Haut jedes Menschen. In der Mundhöhle gesunder Erwachsener finden sich zu 50 % Pneumokokken, ohne dass es zu Krankheitserscheinungen kommt. Diese Bakterien verursachen interne Infektionen, wenn Staubreiz, Viren, Gase oder Vorerkrankungen eine Bresche in die Immunabwehr geschlagen haben.

Fremdbakterien gelangen in der Regel durch Tröpfcheninfektion in die Lunge, beispielsweise bei der Legionellose. Das Bakterium Legionella pneumophilia lebt in 20–60 °C warmem Wasser. Seine Verbreitung im Aerosolstrom geht von Duschköpfen, Whirlpools, Luftbefeuchtern oder Kühltürmen aus. Die Krankheit gehört zur Gruppe der Lungenentzündungen. Sie nimmt einen grippeähnlichen Verlauf und kann bis zum Nierenversagen führen.

Bei einer „klassischen" Lungenentzündung besiedeln Bakterien herdförmig die tiefen Lungenabschnitte einschließlich der Alveolen. Welche Bakterienart über die Luft eingetragen wird und mit der Besiedelung in der Lunge beginnt, hängt von Alter und Vorerkrankung des Betroffenen ab. Bei jungen Patienten überwiegen Pneumokokken, gefolgt von Haemophilus influenzae,

Chlamydia pneumoniae und Staphylococcus aureus. Bei älteren Patienten erweitert sich das Spektrum um z. B. Enterobacter coli. Die Krankheit beginnt mit Schüttelfrost und hohem Fieber. Husten und Krankheitsgefühl halten eine Woche an. Weiße Blutkörperchen (Granulozyten) wandern aus dem Blutstrom ein und bekämpfen die Erreger. Die Überreste werden als rotbrauner Auswurf abgehustet. Nach einer Woche sinkt das Fieber. In dieser Phase der Regeneration der geschädigten Lungenbereiche besteht eine bedrohliche Herz-Kreislauf-Belastung. Die Selbstheilung wird durch Gabe von Antibiotika in der Regel abgekürzt, das Fieber sinkt früher. Die Heilung der geschädigten Lungengewebe wird dabei aber nicht abgekürzt. Bei zu früher körperlicher Belastung kann das zur Rückkehr der Krankheit führen.

In eine Sondergruppe werden die Lungenentzündungen eingeordnet, die im Krankenhaus erworben werden. Betroffen sind Patienten der Intensivmedizin (Lungensonde, Beatmung) oder Patienten mit labilem Immunstatus. Das Erregerspektrum hat sich um weitere Spezies erweitert. Dazu gehören Pseudomonas, der methicillinresistente Staphylococcus aureus (MRSA) sowie penicillinresistente Pneumokokken bis hin zu Pilzen und Viren.

Lungenentzündungen stehen weltweit an dritter Stelle der Todesursachen. In den Industrieländern sind sie die häufigste zum Tode führende Infektionskrankheit.

Tröpfcheninfektionen sind Ursache einer Reihe meldepflichtiger Krankheiten mit oft tödlichem Ausgang. Beispiele sind bakterielle Hirnhautentzündung, Tuberkulose, Diphtherie, Scharlach und in bestimmten Ländern sogar Lungenpest. Keuchhusten ist in den neuen Bundesländern meldepflichtig, als Todesursache in ganz Deutschland.

Einige Bakterien überdauern als Sporen. Bacillus anthracis, der Milzbranderreger, kann in verkapselter Form Jahrzehnte überdauern. Seine eingeatmeten Sporen beginnen in der Lunge zu wachsen und verursachen anfangs grippeähnliche Symptome, anschließend entwickelt sich eine schwere Lungenentzündung. Wenn die Bakteriensporen in Hautwunden eindringen, lösen sie Hautmilzbrand aus, der an juckenden Bläschen zu erkennen ist.

Hautwunden bieten vielen Bakterien einen Nährboden für die Besiedelung. Beispielhaft sei das verkapselte Bakterium des Tetanuserregers genannt, Clostridium tetani, Erreger des Wundstarrkrampfs.

4.3.5.3 Pilzsporen

Sie steigen in großen Mengen von Pilzkulturen auf und tragen zur Ausbreitung dieser Gewächse bei. Pilze gedeihen im Haus in Blumentopferde, auf verdorbenen Lebensmitteln, an feuchte Wänden. Vor dem Haus wuchern sie auf Kompostanlagen, in Mülltonnen und überall dort, wo organisches Material auf Feuchtigkeit trifft. Beim Öffnen einer Mülltonne wirbeln Milliarden von Sporen durch die Luft!

Die Systematik der Biologie ordnet den Pilzen ein eigenes Reich zu. Es ist gleichgestellt dem Reich der Tiere und dem der Pflanzen. Eine besondere Gemeinsamkeit verbindet die Reiche von Tieren und Pilzen: Beiden fehlt das Chlorophyll, d. h., sie können das Sonnenlicht nicht als Energielieferanten nutzen. Diese Fähigkeit ist allein den Vertretern des Pflanzenreichs vorbehalten.

Pilzsporen sind mit über 3 μm Länge etwas größer als Bakterien. Beim Einatmen werden sie zum großen Teil in den Bronchien abgefangen und Richtung Kehldeckel transportiert. Nach dem Verschlucken werden sie vom Magen-Darm-Trakt entsorgt. Die Belastung der tiefen Lungenabschnitte steigt mit der Sporenkonzentration der eingeatmeten Luft.

Voraussetzung für die exzessive Besiedelung des Atemtraktes ist eine vorhandene Immunschwäche. Pilze sind Opportunisten; sie gedeihen nur dann, wenn das Immunsystem sie nicht wie üblich am Wachstum hemmt. In der Lunge leben sie von abgestorbenem Material, das in der Regel von Makrophagen entsorgt wird. Die Sporen bilden Sprossen und verwachsen zu einem Pilzgeflecht. Sie können in die Blutbahn vordringen und sich in geschwächten Organen verteilen. AIDS-Patienten sind typischerweise besonders anfällig für die Besiedelung durch Pilze.

Der bekannteste Pilz, der unsere Wohnbereiche besiedelt, ist Aspergillus fumigatus. Wenn seine Sporen sich in der Lunge festsetzen und weiterentwickeln, zeigt der daran Erkrankte Symptome, die in gleicher Weise auch von anderen Erregern verursacht sein könnten: Lungenentzündung, Bronchialasthma. Weitere Symptome außerhalb der Lunge kommen hinzu: Entzündung der Augenhornhaut, der Nasennebenhöhlen, des Mittelohres und der Herzinnenhaut.

Berühmtheit erlangte der Schimmelpilz Aspergillus flavus im Zuge der Ausgrabung des ehemaligen Pharaos Tutanchamun in Ägypten im Jahre 1922 durch den Engländer Howard Carter. Nach dem Fund der Mumie und dem Ende ihrer 3000-jährigen Totenruhe wurde der Finanzier der abenteuerlichen Ausgrabung, Lord Carnarvon, aus England zum Ausgrabungsort herbeigerufen. Nach Besichtigung der prachtvoll ausgestatteten Grabkammer verstarb der Lord an einer geheimnisvollen Krankheit und mit ihm weitere Grabbesucher. In Ägypten galt die Totenruhe als heilig. Nach Überzeugung der Zeitgenossen sind die Ruhestörer von der Rache des Pharaos heimgesucht worden. Inzwischen nimmt man an, dass eingeatmete Schimmelpilzsporen aus dem Balsamierungsmaterial des Pharaos als Todesursache infrage kommen könnten. Wahrscheinlich sind die Personen aber an allgemeiner Immunschwäche gestorben. Der Ausgrabungsleiter Howard Carter ist bei den Grabungen nämlich nicht zu Schaden gekommen.

Hefen sind einzellige Pilze, die meist symptomlos unsere Gewebe besiedeln. Hierzu gehören die beiden Hefepilze Candida albicans und Cryptococcus neoformans. Von beiden Arten können erhebliche Krankheitsgefahren ausgehen.

Der Pilz Candida albicans lebt bei 70 % aller Menschen ständig in Rachenraum, Lunge oder Scheide, weshalb Neugeborene direkt von der Mutter infiziert werden können. Die Pilzbesiedelung bleibt zunächst ohne krankhafte Auswirkungen. Pilze sind, wie bereits erwähnt, Opportunisten: Bei einer Immunschwäche, wie auch im Falle von AIDS, vermehren sie sich ungebremst. Auf der Mundschleimhaut bildet sich ein dicker weißer Belag, Soor. Im Rachenraum kommt es zu Schluckstörungen und eine Etage tiefer lösen die Pilze Lungenentzündung aus. Über die Blutbahn gelangen die Pilze zum Herzen und können die Herzinnenhaut entzünden.

Der zweite Pilz, Cryptococcus neoformans, verursacht ähnliche Symptome; zusätzlich greift er die Nervenzellen an, was zu Hirnhautentzündung (Meningitis) und Hirnentzündung (Enzephalitis) führen kann. Der Pilz steigt häufig von Vogelmist in die Atmosphäre auf (vgl. Tab. 4.4).

Die Erkrankung eines Körperorgans kann typischerweise ganz verschiedene Auslöser haben. Nehmen wir als Beispiel die Enzephalitis, die Entzündung des Gehirns. Bei dieser Krankheit kommen alle Keime der angesprochenen Mikroorganismen als Auslöser in Betracht: Herpesviren als häufigster Vertreter der Viren, Borrelien als Vertreter der Bakterien und Cryptococcus als Vertreter der Pilze.

4.4 Wie viel Staub verträgt die Lunge?

4.4.1 Arbeitswelt

In der Anfangsphase der Industrialisierung führte der zunehmende Maschineneinsatz besonders bei den Arbeitern im Bergbau zu permanenter Überlastung der Atemwege. Bei den betroffenen Menschen entwickelten sich schon in jungen Jahren Folgekrankheiten wie Fibrosen und Emphyseme mit Komplikationen wie Sauerstoffunterversorgung im normalen Blutkreislauf und Bluthochdruck im Lungenkreislauf mit erhöhtem Risiko des Herzversagens. Mit der Bezeichnung „Bergsucht" wurde schon früh der Zusammenhang zwischen Arbeitsplatz und Krankheitsbild dokumentiert. Bei der Gewinnung hochwertiger Metalle boten enge Stollen angeblich nur Kindern genügend Platz zum Arbeiten. Infolge der Staubbelastung sind sie frühzeitig gealtert, was an ihren Gesichtern abzulesen war. Gartenzwerge oder Heinzelmännchen werden als Darstellungen dieser bedauernswerten Kinder gedeutet. Mit dem Preußischem Regulativ von 1839 wurde die Kinderarbeit verboten.

Tab. 4.5 Arbeitsplatzgrenzwerte für A-Staub aus DFG (2011); Hahn und Möhlmann (2011)

	ab 1997	ab 2011
MAK-Wert	1,5 mg/m^3	0,3 mg/m^{3a}
TRGS 900[b]	3,0 mg/m^3	In Arbeit
MIK-Wert	75 µg/m^3	15 µg/m^3

MAK Maximale Arbeitsplatzkonzentration, *TRGS* Technische Regeln Gefahrstoffe, *MIK* Maximale Immissionskonzentration nach VDI 2310: MIK = 0,05 MAK
[a] Grenzwert für granuläre biobeständige Stäube. Bei Einhaltung des Grenzwertes kein Krebsrisiko
[b] Stäube: Aluminium, Aluminiumoxid, Graphit, Magnesiumoxid, Polyvinylchlorid, Titandioxid. Keine Metallrauche

Die bei Arbeiten im Bergbau wie auch beim Kohlebergbau aufgewirbelten mineralischen Stäube wie Quarz und Asbest erhöhen das Krebsrisiko deutlich, überproportional verstärkt durch Zigarettenrauch. Die anhaltende Exposition führt zu irreparablen Schäden. Staubige Arbeitsplätze haben das Leben der Arbeiter erheblich verkürzt. Heute sorgt das Arbeitsschutzgesetz für die Begrenzung der Staubbelastung am Arbeitsplatz. Der jeweilige Grenzwert für den Staubgehalt der Luft ist auch von der gesellschaftlichen Durchsetzbarkeit abhängig. Die Absenkung der Belastungsgrenzen folgt dem technischen Fortschritt.

Formal entscheidet der Gesetzgeber (Arbeitsministerium) über die Grenzwerte. Vorschläge dazu beschließt die einflussreiche Senatskommission der Deutschen Forschungsgemeinschaft, DFG. Die Kommission schlägt „maximale Arbeitsplatz-Konzentrationen" vor, die bekannten MAK-Werte.

Nach diesem ersten Schritt folgt die Überleitung in öffentliches Recht. Diese Aufgabe übernimmt die Bundesanstalt für Arbeitsschutz und Arbeitsmedizin mit ihrem Ausschuss Gefahrstoffe. Er überführt die MAK-Werte in Arbeitsplatzgrenzwerte, wobei auch die Zeitdauer berücksichtigt wird, die der Arbeitnehmer tatsächlich dem Gefahrstoff, hier dem Staub, ausgesetzt sein wird. Veröffentlicht sind die Arbeitsplatzgrenzwerte in den Technischen Regeln für Gefahrstoffe, TRGS 900.

Die Kommission der DFG legte im Jahre 2011 den MAK-Wert für granulären biobeständigen Staub auf 0,3 mg/m^3 fest (DFG 2011; Hahn und Möhlmann 2011). Dieser Wert bezieht sich auf A-Staub, der wegen seiner Feinheit bis in die Alveolen der Lunge eindringt (vgl. Tab. 4.5).

Auf Basis des alten MAK-Wertes von 1,5 g/m^3 hatte der Ausschuss Gefahrstoffe im Jahr 1997 einen Arbeitsplatzgrenzwert von 3,0 mg/m^3 festgelegt. Nach Festlegung eines neuen Staubgrenzwertes wird er den bisherigen in den TRGS 900 ersetzen.

In Tab. 4.5 sind auch maximale Immissionskonzentrationen eingetragen, die aus den MAK-Werten nach VDI 2310 abgeleitet wurden. Sie korrelieren mit allgemeinen Immissionsdaten.

In der DIN EN 481 ist festgelegt, mit welcher Siebvorrichtung der A-Staub aus dem Gesamtstaub am Arbeitsplatz herausgefiltert werden soll, um ihn als Maß für die Gefährdung am Arbeitsplatz zu verwenden. Die Siebvorrichtung muss so gebaut sein, dass 50 % der Staubpartikel mit einem (aerodynamischen) Durchmesser von 4 µm das Sieb passieren. Das bedeutet, dass auch gröbere Teilchen bis 15 µm die Siebvorrichtung passieren und mit gewogen werden. Das Gewicht der so genommenen Probe führt zum A-Staubgehalt der Luft. Die Messgröße entspricht PM_4.

Der möglicherweise recht hoch erscheinende MAK-Wert für Staub von 0,3 mg/m³ (300 µg/m³) gilt für einen normierten Staub bei einer täglichen Arbeitszeit von 8 h und einer Lebensarbeitszeit von 40 Jahren. Für Stäube aus nachweislich krebserzeugenden Stoffen liegen die empfohlenen Werte für A-Staub erheblich darunter. Der MAK-Wert ist beispielsweise anzuwenden für Stäube aus Aluminium, Eisenoxid, Graphit, Titandioxid, nicht jedoch für Metallrauche. Bis zum Jahr 2011 galt der viel höhere MAK-Wert von 1,5 mg/m³. Die Absenkung auf ein Fünftel des vorhergehenden Wertes spiegelt den Fortschritt.

Am Beginn des technischen Zeitalters waren Arbeitsmaschinen ortsfest, die Emissionen lokalisierbar. Heute taucht das Auto mit seiner Mobilität die Umwelt in ein diffuses Gemisch von Schadstoffen, die neue Kontrollmethoden erfordern. Als regulierende Instanz tritt das Umweltministerium auf. Auf dem Gebiet des Umweltschutzes sind die Staubgrößenbereiche PM_{10} für Grobstaub und $PM_{2,5}$ für Feinstaub in Gebrauch. Der Arbeitsschutz stützt sich auf A-Staub, der PM_4 entspricht. Eine Übersicht über die Arbeit der beiden regulierenden Welten gibt Tab. 4.6.

4.4.2 Krebsrisiko

Für Staubarten, die sich bei andauernder Einatmung als krebserregend erwiesen haben, liegt der Grenzwert deutlich unter dem Wert von 0,3 mg/m³. Selbst bei geringster Belastung besteht ein Krebsrisiko. Die Frage ist, welches Risiko gesellschaftlich akzeptiert werden kann und welche Belastung darüber hinaus gerade noch tolerierbar ist. Dafür wurden die Begriffe Akzeptanz- und Toleranzrisiko für Schadstoffkonzentrationen eingeführt. Staubkonzentrationen unterhalb der Akzeptanzgrenze sind „erlaubt", Konzentrationen oberhalb der Toleranzgrenze sind „nicht mehr erlaubt". Im Übergangsbereich sind erhöhte Schutzmaßnahmen erforderlich.

Tab. 4.6 Gesetze, Verordnungen, Technische Regeln zur Regulierung luftgetragener Partikel

Gesetz/ Ministerium	Arbeitsschutzgesetz/ Bundesministerium für Arbeit und Soziales		Bundes-Immissionsschutzgesetz/ Umweltministerium
Zuarbeitende Behörde	Bundesanstalt für Arbeitsschutz und Arbeitsmedizin www.baua.de		Umweltbundesamt www.uba.de
Referenzstäube	A-Staub (PM$_4$), E-Staub		PM$_{10}$, PM$_{2,5}$
Verordnungen	Gefahrstoffverordnung für Tätigkeiten mit Chemikalien und Staub	Biostoffverordnung für Tätigkeiten mit Mikroorganismen	BlmSchG-Verordnungen hier: Gebietsbezogener Immissionsschutz
Technische Regeln, Richtwerte	Technische Regeln Gefahrstoffe, TRGS	Technische Regeln Biologische Arbeitsstoffe, TRBA	35. BJmSchV Kennzeichnung der Kraftfahrzeuge mit geringem Beitrag zur Schadstoffbelastung (Euronorm für Kraftfahrzeuge)
	TRG 900 Arbeitsplatzgrenzwert (u. a. für Staub)	TRBA 406 Sensibilisierende Stoffe für Atemwege	
	Bek GS 910 Bekanntmachung des Ausschusses Gefahrstoffe zu krebserzeugenden Gefahrstoffen (Risikogrenzwerte)	TRBA 460 Einstufung von Pilzen in Risikogruppen	39. BlmSchV Luftqualitätsstandards und Emissionshöchstmengen
		TRBA 462 Einstufung von Viren in Risikogruppen	Ausschuss für Innenraumrichtwerte: Richt- und Leitwerte
	TRGS 553, Holzstaub	TRBA 466 Einstufung von Bakterien in Risikogruppen	
	TRGS 554, Abgase von Dieselmotoren		
	TRGS 559, Mineralischer Staub		

Als Ausgangsbasis für die Entscheidung über die Grenzwerte dient das Risiko eines Nichtrauchers während seines Lebens an (Lungen)krebs zu erkranken. Das Risiko liegt zwischen 1:100 und 1:200, ist also erschreckend hoch. Jeder Mensch aus einer Gruppe von 100–200 Personen wird während seines Lebens an Lungenkrebs erkranken. Wenn auch nur eine Person aus dieser Gruppe an Krebs erkranken wird, so bedeutet es auch, dass sich der Immunstatus aller Personen der Gruppe durch die Hintergrundbelastung Staub auf dem niedrigen Niveau eingependelt hat. Dieses Krebsrisiko wurde vom Ausschuss Gefahrstoffe mit einem Sicherheitszuschlag versehen und auf 1:250 festgelegt. Dieser Wert gilt als Toleranzrisiko. Die Schadstoffbelastung am Arbeitsplatz ist so zu begrenzen, dass bei 40jähriger Berufstätigkeit das durch sie verursachte Krebsrisiko nicht höher als 1:250 beträgt. Die Akzeptanzgren-

Tab. 4.7 Krebsrisiko durch Asbest, Ruß und Tonerstaub. (Nach BAuA (2008, 2010, 2012) und IFA (2011))

Risiko u. Exposition	Akzeptanzrisiko		Toleranzrisiko
Stoff	1:2500	Zielwert 2018 1:25.000	1:250
Asbest	$10.000 \frac{Fasern}{m^3}$	$1.000 \frac{Fasern}{m^3}$	$100.000 \frac{Fasern}{m^3}$
Benzo[a]pyren, Leitkomponente im Dieselruß	70 ng/m^3	7 ng/m^3	700 ng/m^3
Tonerstaub	60 µg/m^3	6 µg/m^3	600 µg/m^3

Akzeptanzrisiko: Schadenseintritt ist möglich; das damit verbundene Krebsrisiko wird als hinnehmbar bezeichnet. Ab 2018 Absenkung auf 1:25.000 (= 1 Sterbefall auf 25.000 Betroffene)
Toleranzrisiko: Schadenseintritt ist wahrscheinlich und das damit verbundene Risiko wird als nicht hinnehmbar bezeichnet

ze liegt bei 1:2500. Die Grenze liegt um den Faktor 10, also gut unterscheidbar niedriger als die des Toleranzwertes von 1:250. Für die zulässige Staubbelastung bedeutet das ebenfalls einen Unterschied in der Schadstoffbelastung um den Faktor 10. Die zulässige Staubbelastung an der Akzeptanzgrenze darf nur ein Zehntel der Belastung an der Toleranzgrenze betragen.

Zahlenwerte der Grenzkonzentrationen für Asbest, Benzo(a)pyren und Tonerstaub zeigt Tab. 4.7.

Bis zum Jahr 2018 soll das Akzeptanzrisiko auf 1:25.000 abgesenkt werden. Dieses zusätzliche Krebsrisiko eines „Staubarbeiters" über das bestehende Umweltrisiko von 1:250 wird als akzeptabel angesehen.

Vergleichbare Risikowerte für die krebsauslösenden Stäube von Hartholz, kristallinen Quarzstaub oder Dieselruß sind nicht festgelegt worden, da es sich bei diesen Stoffen oft um Gemische handelt. Die Technischen Regeln Gefahrstoffe (TRG) beschreiben den sachgemäßen Umgang mit diesen Stoffen (vgl. Tab. 4.6). Für Quarzstaubgemische nicht bekannter Zusammensetzung gilt ersatzweise der allgemeine Staubgrenzwert.

4.4.3 Biologische Arbeitsstoffe

Bei Tätigkeiten mit biologischen Stoffen greift die Biostoffverordnung mit ihren Arbeitsanweisungen, den Technischen Regeln für Biologische Arbeitsstoffe, TRBA (vgl. Tab. 4.6). Biologische Stoffe im Sinne der Verordnung rufen beim Menschen Infektionen, sensibilisierende oder toxische Wirkungen hervor. Die Richtlinie „Sensibilisierende Stoffe für die Atemwege, TRBA/TRGS 406" listet bekannte, sensibilisierende Stoffe auf, auch nicht biologische.

Infektionsauslösende Arbeitsstoffe werden in vier Risikogruppen eingeteilt. Stufe 1, keine Infektion, ansteigend bis Stufe 4. Einige Beispiele sollen das Thema beleuchten:

Die TRBA 460, Einstufung von Pilzen in Risikogruppen, führt die bereits genannten Pilze Aspergillus fumigatus und Candida albicans in Risikogruppe 2.

Aus der TRBA 466, Einstufung von Bakterien in Risikogruppen, entnehmen wir, dass die Bakterien Legionella pneumophila und borrelia ebenfalls zu Risikogruppe 2 gehören, die Erreger des Milzbrandes zur Gruppe 3.

Viren sind in TRBA 462 eingestuft. Hier gibt es mehrere Stämme, die in die Risikoklasse 4 eingeordnet werden. Für diese Erreger fehlt in der Regel ein wirksamer Impfstoff. Es besteht so die Gefahr der epidemischen Ausbreitung. Bei Auftreten einer Infektion mit Viren aus dieser Risikoklasse wird der Verlauf der Erkrankungswelle regelmäßig in den Nachrichten begleitet. So bekommen wir Meldungen aus Afrika, wenn der Angst und Schrecken verbreitende Ebolavirus, Filoviridae, grassiert. Seine Verbreitung über Tröpfcheninfektion ist möglich, die Todesrate liegt bei über 50 %.

4.4.4 Hintergrundbelastung der Umwelt

Für die Emission von Industrie- und Feuerungsanlagen oder für Kraftfahrzeuge und sogar für häusliche Kleinfeuerungen hat der Gesetzgeber Obergrenzen eingezogen, die dem technischen Fortschritt angepasst werden. Die diffusen Quellen vieler Arbeitsstätten tragen ebenfalls zur Anreicherung der Luft bei. In ihrer Summe führen sie zu immer höherer Belastung der Luft. Die geradezu unbegrenzte Energieverfügbarkeit wird die Emissionsquellen weiter erhöhen. Staub hat einen festen Anteil an den Emissionen. Staub ist Kulturfolger, wir müssen uns zunehmend mit ihm auseinandersetzen.

Früh wurde erkannt, dass mit den Arbeitsschutzgesetzen allein die Situation nicht in den Griff zu bekommen war. Die Reinheit der Umgebungsluft als Lebensraum für alle musste reglementiert werden. Im Jahr 1974 wurde das Bundesimmisionsschutzgesetz, kurz BImSchG, verabschiedet, (Umweltschutzministerium). Das Gesetz mit seinen Verordnungen sorgte für wirksamen Schub in der Verbesserung der Atemluft. Die 39. BImSchG-Verordnung schreibt Höchstmengen für Staub in der Umgebungsluft vor. Bei PM_{10} dürfen die Staubgehalte der Luft im Jahresmittel höchstens 40 µg/m³, bei $PM_{2,5}$ höchstens 20 µg/m³ betragen. Abweichungen an einzelnen Tagen sind zulässig, die Zahl der Überschreitungen in Ballungszentren bereitet noch Probleme (vgl. Tab. 4.8).

Der permanente Verkehrsstrom auf Europas Straßen ist eine nie versiegende Quelle von Feinstaub. Der Dieselruß hat daran nur einen Anteil von 20 %,

Tab. 4.8   Grenzwerte für Staub in der Umgebungsluft. Nach BImSchV und WHO

	39. BImSchV	WHO-Zielwert
PM$_{2,5}$	25 µg/m³	10 µg/m³
	Zielwert ab 2030 20 µg/m³	
PM$_{10}$	40 µg/m³ im Jahresmittel	20 µg/m³
	50 µg/m³ im Tagesmittel	
	Zugelassen sind 35	
	Überschreitungen im Jahr	

BImSchV Bundesimmissionsschutzverordnung, *WHO* Weltgesundheitsorganisation (WHO 2006)

seine toxische Wirkung überragt jedoch die übrigen Feinstaubanteile bei weitem. Die statistische Todesrate durch Erkrankungen infolge von Dieselruß in der Umgebungsluft beträgt heute noch 1:4000! Die Einführung von Schadstoffklassen für Verbrennungsmotoren im Pkw und die damit verbundene Möglichkeit zur Einrichtung von Umweltzonen haben Leben gerettet. Schätzungen gehen von der Vermeidung jedes 3. der vorherigen Todesfälle aus. Die geringere Schadstoffbelastung verbessert den Immunstatus aller Bürger. Hiervon profitieren besonders ältere Menschen, deren Immunabwehrsystem sich mit zunehmendem Alter progressiv abschwächt.

Inzwischen hat längst die Europäische Union auch im Umweltschutz die Initiative in der Regelsetzung übernommen. Sie verabschiedet Richtlinien, deren Inhalt meist unverändert in nationales Recht übernommen wird (EU 2008). Die Weltgesundheitsorganisation erarbeitet Leitlinien und ist damit Vordenker im globalen Rahmen (WHO 2006).

Die Luftqualität hat sich inzwischen spürbar gebessert, bis zum Erreichen der natürlichen Hintergrundbelastung von 3–5 µg/m³ PM$_{2,5}$ müssten aber noch viele vom Menschen bewirkte (anthropogene) Quellen gestopft werden. Zu den natürlichen Quellen gehören Waldbrände, Verwitterungsvorgänge oder Vulkanausbrüche. Jedes einzelne Mikrogramm weniger Feinstaub in der Luft verlängert unsere Lebenserwartung um zwei Wochen. Diese optimistische Betrachtungsweise ändert aber nichts an den gewohnt unterschiedlichen Lebenserwartungen des Einzelnen.

4.4.5 Innenräume

Der häusliche Bereich (Wohnung) ist gesetzlich nicht reglementiert (BGG 2008). Die Kommission Innenraumlufthygiene des Umweltbundesamtes hat Richtwerte für eine Reihe von Stoffen erarbeitet, bei denen mit gesundheit-

Tab. 4.9 Richt- und Leitwerte für Innenraumluft ($\mu g/m^3$ Luft). (Nach UBA (2015))

Stoff	Festpunkt °C	Richtwert I	Richtwert II	Leitwert
Naphthalin	80	1	30	
Phenol (Konservierungsstoff)	41	20	200	
Pentachlorphenol (ehemals Holzschutzmittel)	189	0,1	1	
Feinstaub $PM_{2,5}$[a]				25
CO_2[b]		(1000)	(2000)	1000 ppm (1,8 g/m³)

Richtwert I: Schadstoffgehalt, bis zu dem keine Gesundheitsgefahren bestehen
Richtwert II: Oberhalb dieser Grenze ist mit Gesundheitsschäden zu rechnen
Leitwert: Die toxikologische Bewertung reicht für die Formulierung von Richtwerten (noch) nicht aus
[a] 24-Stunden-Mittelwert in Abwesenheit innenraumspezifischer Staubquellen
[b] Der CO_2 Gehalt der Umgebungsluft beträgt 300 ppm; Schlüsselkomponente für die Raumlüftung

lichen Beeinträchtigungen zu rechnen ist, wenn eine bestimmte Konzentration in der Luft überschritten wird (Ad-hoc-AG 2012). Für Feinstaub $PM_{2,5}$ wurde ein Tagesmittelwert von 25 $\mu g/m^3$ als Leitwert festgelegt. Darin drückt sich die Beobachtung aus, dass der Feinstaubgehalt der Umwelt auch den Gehalt in normal gelüfteten Innenräumen bestimmt. Die ständige Ad-hoc-Arbeitsgruppe, seit 2015 weitergeführt als Ausschuss für Innenraumrichtwerte, hat als Leitwert den Grenzwert für die Außenluft gewählt (EU 2008). Dabei bleiben raumspezifische Staubquellen unberücksichtigt wie Kochen, Backen und Heizen sowie die starken Nanostaubquellen Gasherd, Kerzenruß und Zigarettenrauch. Beispiele finden sich in Tab. 4.9.

Für Grobstaub PM_{10} konnte wegen der vielen unterschiedlichen Innenraumquellen keine Beziehung zur gesundheitlichen Auswirkung hergestellt werden. Auch für Pilzsporen von Wandschimmel und Zimmerpflanzen hat die Arbeitsgruppe wegen unsicherer Datenlage keinen Grenzwert formuliert. Ersatzweise steht ein Leitfaden über den Umgang mit Schimmel in Innenräumen zur Verfügung (Moriske und Szewzyk 2002). Schimmelbefall soll mit bauphysikalischen Maßnahmen begegnet, geringes Auftreten aber nicht dramatisiert werden (BGG 2007).

In Tab. 4.9 wurde der Leitwert für das Atemgas CO_2 aufgenommen, da ihm eine Schlüsselfunktion bei der Raumlüftung zukommt. In der Regel bleiben die Konzentrationen von Schadstoffen unter ihrem Richtwert I, wenn der Leitwert für CO_2 eingehalten wird.

Der Begriff Innenräume wird vom Sachverständigenrat für Umweltfragen weit gefasst. Neben den reinen Wohnräumen gehören hierzu Büros, Autos so-

Tab. 4.10 Staub in Innenräumen. (Nach BGG (2008))

Innenraum		µg PM10/m³
Wohnung	Teppichboden	21–28
	Glattboden	48–50
Büro		42
Auto		44
Buslinie		80–236
Schule	Sommer	13–65
	Winter	20–92
Restaurant		199
Diskothek		1014

wie Räume in öffentlichen Gebäuden wie Schulen, Theater, Gaststätten oder Krankenhäuser. Die Staubbelastung in den verschiedenen Innenräumen zeigt Tab. 4.10.

Bei der Halbleiterfertigung sollen die Arbeitsbereiche möglichst „vollkommen" frei von Partikeln gehalten werden, deshalb tragen die Menschen dort Reinraumanzüge. Bei der Bewegung seines Armes setzt der Beschäftigte im Schutzanzug immer noch mindestens 300 Partikel pro Sekunde frei. Ganz andere Werte können wir beobachten bei Personen, die sich schnell im Straßenanzug bewegen; hierbei sind es 100.000 Partikel pro Sekunde. Die hohe Staubbelastung in Diskotheken sollte uns deshalb nicht überraschen.

Der Mensch gibt nicht nur Partikel an seine Umgebung ab, sondern auch Geruchsstoffe. Hierfür wurde die Maßeinheit „Olf" eingeführt. Sie bezeichnet die Menge an Geruchsstoffen, die ein Mensch in einer Stunde abgibt. Diese Einheit hat sich auch wegen ihrer geringen Reproduzierbarkeit nicht durchgesetzt und fristet in der Klimatechnik ein bescheidenes Dasein. Die Ursache hierfür hat praktische Gründe. Der Mensch ist Quelle vieler Emissionen mit Belastung für die Innenraumluft: Eigengeruch, Kohlendioxid, Staub. Lebensnotwendig ist die Kontrolle von Kohlendioxid. Die Werte der „Eigenemissionen" korrelieren untereinander. Wenn der Kohlendioxidgehalt zu hoch wird, kommt auch der Geruch an die Grenze des als angenehm empfundenen Bereichs. Als Führungsgröße für gesunde und angenehme Innenraumluft reicht der CO_2-Leitwert aus. Im Freien beträgt der CO_2-Gehalt der Luft 300 ppm, in Innenräumen sollen 1000 ppm nicht überschritten werden (vgl. Tab. 4.9). Im Normalfall werden bei Einhaltung des CO_2-Leitwertes neben Körpergeruch auch andere luftfremde Stoffe, einschließlich raumspezifischer Staubquellen, sicher unter deren Richtwerte abgesenkt. Als Faustformel für Wohnräume wird 1–2-facher Luftwechsel pro Stunde empfohlen; ein Mehr bedeutet nicht nur höheren Komfort, sondern dient zusätzlich der Gesundheit. Gute Luft hat ihren Preis, besonders in den Innenräumen, in denen wir uns 90 % der Zeit aufhalten.

Die meisten Schadstoffe kündigen sich durch den Geruch an, z. T. als Begleitstoffe. So werden wir vor vielen Gefahrstoffen gewarnt, die in der Luft unterwegs sind. Aber Achtung, im Schlaf versagt dieses Warnsystem, der Geruchssinn schläft mit wie die Augen! Auch Rauchgase können im Schlaf nicht erkannt werden.

Einen in die Zukunft weisenden Ansatz für reine Luft hat die WHO erarbeitet. In vier zeitlich nicht befristeten Etappen soll ein $PM_{2,5}$-Leitwert von 10 µg/m^3 erreicht werden – für die heutigen Verhältnisse ein utopischer Wert. Der Leitwert der Innenraumkommission beträgt derzeit 25 µg/m^3.

Die Erfahrung mit verschiedenen Staubarten hat gezeigt, dass Grob- und Feinanteil in einem festen Mengenverhältnis zueinander stehen. Nach WHO gilt die Faustformel $PM_{10}/PM_{2,5} = 2$. Oft reicht es aus, einen der beiden Werte zu beobachten, die Tendenz geht zu $PM_{2,5}$.

Literatur

Ad-hoc-AG (2012) Innenraumrichtwerte. Ad-hoc Arbeitsgruppe für Innenraumrichtwerte, Bundesumweltamt, 2.2.2012, wird fortlaufend aktualisiert

BAuA (2008, 2010, 2012) Bundesamt für Arbeitsschutz und Arbeitsmedizin (2008), Risikowerte und Exposition-Risiko-Beziehung, Bekanntmachung zu Gefahrstoffen 910, (2010), Emission von Druckern und Kopierern am Arbeitsplatz, (2012), Das Risikokonzept für Krebserzeugende Stoffe des Ausschusses für Gefahrstoffe

Bein T, Pfeifer M (Hrsg) (2010) Intensivbuch Lunge, 2. Aufl. Medizinisch Wissenschaftliche Verlagsgesellschaft, Berlin

Bernstein DM, Drew RT, Schidlovsky G, Kuschner M (1984) Pathogenicity of MMMF and the contrasts with natural fibres. In: Biological Effects of Man-Made Mineral Fibres. Proceedings of a WHO/IARC Conference in Association with JEMRB and TIMA. WHO, Copenhagen, S 194, Fig. 11, with permission

Bernstein DM (2006) Fiber toxicology. In: Gardner DE (Hrsg) Toxicology of the lung, 4th Aufl. Taylor & Francis, Boca Raton, S 461–500

BGG (2007) Bundesgesundheitsblatt-Gesundheitsforschung-Gesundheitsschutz (2007). Schimmelpilzbelastung in Innenräumen-Befunderhebung, gesundheitliche Bewertung und Maßnahmen, Vol 50, Iss. 10, pp 1308–1323, Springer Medizin

BGG (2008) Bundesgesundheitsblatt – Gesundheitsforschung – Gesundheitsschutz (2008). Gesundheitliche Bedeutung von Feinstaub in der Innenraumluft, Vol 51, Iss. 11, pp 1370–1378, Springer Medizin

Calderón-Garciduenas L et al (2012) The impact of environmental metals in young urbanites' brains. Exp Toxicol Pathol. doi:10.1016/j.etp.2012.02.006

EU (2008) Richtlinie 2008/50/EG des Europäischen Parlaments und des Rates vom 21. Mai 2008 über Luftqualität und saubere Luft für Europa. Amtsblatt der Europäischen Union, L 152

DFG (2011) Pressemitteilung Nr. 37, Deutsche Forschungsgemeinschaft

Hahn J-U, Möhlmann C (2011) Neuer A-Staub-Grenzwert – Aspekte für dessen Anwendung. Gefahrstoffe – Reinhaltung der Luft 71, Nr. 10, S 429–432

Herman IP (2007) Physics of the human body. Springer, Berlin

Herold G (2012) Innere Medizin

IFA (2011) Institut für Arbeitsschutz der Deutschen Gesetzlichen Unfallversicherung., Informationsblatt zu Asbest und Benzo[a]pyren

Junqueira LCU, Caneiro J (1996) Histologie, 4. Aufl. Springer, Berlin, Abb. 19.16a, b S 455, Abb. 19.4a S 442, with permission

Junqueira LCU, Caneiro J, Gratzl M (Hrsg) (2005) Histologie, 6. Aufl. Springer Medizin, Heidelberg

Möller W et al (2010) Deposition, retention and clearance, and translocation of inhaled fine and nano-sized particles in the respiratory Tract. In: Gehr P et al (Hrsg) Particle-lung interactions, 2nd Aufl. Informa Healthcare, New York

Morgenstern V et al (2008) Atopic diseases, allergic sensitization, and exposure to traffic-related air pollution in children. Am J Respir Crit Care Med 177:1331–1337

Moriske H-J, Szewzyk R (2002) Leitfaden zur Vorbeugung, Untersuchung, Bewertung und Sanierung von Schimmelpilzwachstum in Innenräumen (Schimmelpilz-Leitfaden). Hrsg: Umweltbundesamt, Innenraumlufthygiene-Kommission, Berlin

Mühlfeld C, Ochs M (2010) Functional aspects of lung structure as related to interaction with particles. In: Gehr P, Mühlfeld C, Rothen-Rutishauser B, Blank F (Hrsg) Particle-lung interactions, 2nd Aufl. Informa Healthcare, New York, S 11, Fig 5, with permission

Piekarski C (2006) Feinstäube als Herausforderung für die Industrie – eine historische Zeitreise durch die Welt des Bergbaus. In: econsense (Hrsg), Herausforderung Feinstaub, Berlin, S 3–7

Ranft U et al (2009) Long-term exposure to traffic-related particulate matter impairs cognitiv function in elderly. Environ Res 109:1004–1011

Thews G, Mutschler E, Vaupel P (2007) Anatomie, Physiologie, Pathophysiologie des Menschen, 6. Aufl. Wissenschaftliche Verlagsanstalt, Stuttgart, Abb. 10.1–6 S 297, Abb. 10.1–9 S 299, Abb. 10.10 S 338, with permission

TRGS 907 (2011) Verzeichnis sensibilisierender Stoffe und von Tätigkeiten mit sensibilisierenden Stoffen, In GMBI 2011 S. 1019, Nr. 49–51, Hrsg: Bundesanstalt für Arbeitsschutz und Arbeitsmedizin, Dortmund

UBA (2015) Umweltbundesamt, Richtwerte für die Innenraumluft, Ausschuss für Innenraumrichtwerte (fortlaufende Aktualisierung)

WHO (2006) WHO Air quality guidelines for particulate matter, ozone, nitrogen dioxide and sulfur dioxide. Global update 2005

5

Reinigungsstrategie

5.1 Staub und Schmutz

Reinigung wird als die Entfernung von Staub und Schmutz von Oberflächen verstanden. Nach unserer Vorstellung befindet sich eine solche Materie am falschen Ort. Im übertragenen Sinne steht Reinigung im Zusammenhang mit kultischen Handlungen, z. B. vor Betreten eines Gotteshauses oder der Reinigung der Seele im Gebet.

Das Brockhaus-Lexikon widmet dem Staub eine ganze Seite (Brockhaus 1966–1981, Bd. 18). Die Aufnahme eines Stichwortes in das Nachschlagewerk weist auf dessen gesellschaftliche Relevanz und literarische Anerkennung hin. Zum Stichwort Schmutz findet sich im Brockhaus kein Eintrag, als wäre der Begriff selbst unrein (Brockhaus 1966–1981, Bd. 16). Dabei sollte uns Schmutz wegen seiner Bedeutung für Hygiene und Gesundheit besonders interessieren. Bei Wortkombinationen wie Schmutzgeier, Schmutzgeschwür oder Luftverschmutzung kennt das Nachschlagewerk keine „Berührungsängste". Christian Enzensberger hat in seinem Band *Größerer Versuch über den Schmutz* die gesellschaftliche Dimension des Begriffs Schmutz beleuchtet (Enzensberger 1980).

Unter Staub verstehen wir in der Luft schwebende feine, feste Teilchen beliebiger Form und Dichte. Wenn sich Staub absetzt, sehen wir ihn weiterhin als Staub an, solange die einzelnen Partikel ihre „Selbstständigkeit" beibehalten. Der Staub beginnt mit dem Aufbau einer dünnen Schicht, in der Terminologie der Reinigung lose aufliegender Schmutz. In diesem Zustand können wir den Staub sehen und leicht von Möbeln abwischen und von Polstern ab- und vom Boden aufsaugen. Abgesetzter Staub verändert sich und mutiert aus sich heraus und durch äußere Einflüsse zu altem Staub. Trockene Haftung führt zu Krustenbildung mit Haftbrücken zur Oberfläche.

Wasser verwandelt Staub in Schmutz. Die vom Wasser ausgehenden Haftkräfte backen den Staub beim Trocknen zusammen und heften ihn an Oberflächen. Die Bindung ist nicht besonders fest, die Verschmutzungsart verwandelt sich von lose aufliegend in gering haftend. Auch in dieser Form gehört er in die Gruppe nicht haftender Schmutz. Getränke enthalten in der

Tab. 5.1 Lose aufliegender und fest haftender Schmutz

Herkunft des Schmutzes	Anflug von Schwebstaub < 10 µm	Absetzen von Schwebstaub: Flusen, Fäden, Papierschnipsel, Abfall	Verschütten von Flüssigkeiten: Getränke, Öle, Fette	Reibung von Festkörpern: Schuhe, Hände, Gegenstände
Schmutzart	F	L	F	F/L
bevorzugte Flächen	Möbel, Wände	Arbeitstische Fußboden	Arbeitstische Fußboden	Griffe, Möbel, Wände u. Fußböden

F festhaftender Schmutz, *L* lose aufliegender Schmutz

Regel gelöste Substanzen, die nach dem Verschütten aus sich heraus oder in Verbindung mit Staub zu fest haftendem Schmutz eintrocknen. Den gleichen Effekt haben Öle und Fette mit ihren überragenden Haft- und Kriecheigenschaften und der schnellen Zersetzung. Eine Sonderstellung nehmen Nano- und Feinstaubpartikel ein, die von selbst ohne die Vermittlung durch Wasser auf Oberflächen fest haften können, einerlei ob sie aus der Luft oder aus Flüssigkeiten stammen. Schmutz ist sichtbares, unerwünschtes Material auf Oberflächen mit unterschiedlichem Haftvermögen (Lutz 2014).

Nach Reibvorgängen bleiben fest haftende Verschmutzungen auf dem härteren Material zurück. Krafteinsatz steigert das Haftergebnis erheblich. Die Übertragung ist erwünscht bei Bleistift oder Kreide, weniger bei Schuhsohlen auf Fußböden oder bei Griffspuren an Schranktüren. Wenn das reibende Material härter ist als das der Oberfläche, bleiben Kratzspuren zurück; das Oberflächenmaterial wird mechanisch zerstört. Beispiele sind Quarzsand an Schuhen oder in Reinigungstüchern. Hier kann nur Vorsorge Schäden an den Oberflächen vermeiden. In der Gebäudereinigung wird Schmutz in Hinblick auf die Möglichkeiten seiner Entfernung betrachtet. Die Einordnung erfolgt nach den Kriterien lose aufliegend und fest haftend. Die Effekte können einzeln wirken oder in beliebigen Kombinationen auftreten (vgl. Tab. 5.1).

Chemisch neutraler Schmutz greift das Oberflächenmaterial nicht an; Schmutz mit diesen Eigenschaften ist aber selten. Lösliche, färbende oder saure Bestandteile können sofort oder auch allmählich aggressiv auf das Oberflächenmaterial einwirken und es schädigen. In diesen Fällen bleiben auch nach der Reinigung Anquellungen, Verfärbungen, Aufrauungen oder Rost zurück.

Eine Oberfläche kann sauber erscheinen und trotzdem mit Partikeln des nicht sichtbaren Größenbereichs überzogen sein. Hierzu gehört das gesamte Programm von Mikroteilchen, wie Krankheitskeime, Pilze, Nanostaub. Solche Staubschichten können mittels Wischtest nachgewiesen werden.

5.2 Sauberkeit und ergebnisorientierte Reinigung

Sauber als Zustand wirkt angenehm und schön. Sauberkeit bedeutet Abwesenheit von Schmutz auf Oberflächen, sie verheißt Hygiene und Gesundheit.

Auf sauberen Oberflächen existieren weniger Mikroorganismen. Wenn sie sich ungestört vermehren können, bilden sie den Beginn einer Nahrungskette, die sich mit Hausstaubmilben, Spinnen und Insekten fortsetzt. Das Herstellen von Sauberkeit bedeutet also auch Unterbrechung der Nahrungskette für Ungeziefer durch Entzug ihrer Lebensgrundlage. Im Gebäudemanagement gehören Reinigung und Pflege zu den laufenden Aufwendungen für den Werterhalt eines Gebäudes (DIN 18960, 2008). Die meisten Menschen stellen Sauberkeit in ihrer Wohnung selbst her. Sie sind Planer der Arbeit, Ausführer und Kontrolleur in einer Person. Gern wird der Ausführungsteil der Reinigung delegiert. Besonders für diesen Fall bietet sich die ergebnisorientierte Reinigung an. Für die Reinigung großer Objekte ist ein genauer Plan unerlässlich. Der Ablauf gliedert sich nach Tab. 5.2 in neun Schritte.

Die Planung beginnt mit der Bestimmung des Gebäudes. Es folgt die Unterteilung in Raumart und Raumkomponenten. Für die eigentliche Reinigung muss die Verschmutzungsart benannt und über Reinigungsart, Arbeitsmethode und Häufigkeit der Reinigung entschieden werden. Eigene Kategorien sind das gewünschte Qualitätsniveau und die Zahl der tolerierbaren Fehler im Rahmen der Qualitätsprüfung. In der Praxis sind viele Kürzungen an dem formalisierten Ablauf zu beobachten, vielfach im Qualitätsbereich.

Die Strategie der ergebnisorientierten Reinigung richtet sich an dem gewünschten, vorher vereinbarten Ergebnis aus. Dabei wird nicht allein die Häufigkeit einer Reinigung vorgeschrieben, sondern auch die kontrollierbare Abwesenheit von sichtbarem Schmutz nach der Reinigung. Die Bewertung der Reinigungsqualität ist in einer europäischen Norm festgelegt (DIN EN 13549). So werden nach der Reinigung noch sichtbare Verschmutzungen in einem Raum auf Standardabmessungen bezogen. Eine vorher festgelegte Anzahl von Verschmutzungen muss vom Auftraggeber akzeptiert werden; wird die Zahl überschritten, muss nachgebessert werden. Diese Vorgehensweise führt dazu, dass der Unternehmer wesentlichen Einfluss auf die Auswahl der Reinigungsverfahren nehmen kann. Die Herstellung von Reinheit wird damit zu einer hochwertigen Dienstleistung, bei der sich Investitionen in Ausrüstung und Ausbildung lohnen. 1999 wurde die Ausbildungszeit im Gebäudereinigerhandwerk von 2½ auf 3 Jahre angehoben.

Innerhalb der eigenen vier Wände wird die 90 %-Sauberkeit als ausreichend empfunden, im Lichte der ergebnisorientierten Reinigung eine wenig präzise Aussage, aber ein wichtiger Hinweis, die Reinigung nicht zum Selbstzweck werden zu lassen (Huth 2009). Mit jeder Steigerung des Reinheitsgra-

Tab. 5.2 Planungsschritte der ergebnisorientierten Reinigung

Aspekt	Teilaspekt mit Beispiel	Quelle
Gebäude	Gebäudeteil: Wohnung	DIN 77400
		DIN 277-2
Raumart	Nutzungsart: Wohn-, Schlafraum	DIN 77400
		DIN 277-2
Raumkomponenten	Hauptnutzungs-komponente: Arbeitstisch, Sitzmöbel, Waschbecken	DIN 77400
	Restliches Inventar: Schränke, Stehlampen	
	Fußböden: Staubbinde-matten, Sockelleisten	
	Wände, Decken mit ver-bundenen Teilen: Türen	
	Schwer einsehbare Be-reiche: Höhen über 1,80 m, Raum unter Betten, Schränken	
Verschmutzungsart	Abfall, aufhebbarer Schmutz	DIN 77400
	Nicht haftender Schmutz	
	Haftender Schmutz	
Reinigungsart	Unterhaltsreinigung	DIN 77400
	Sonderreinigung	
	Grundreinigung	
	Glasreinigung	
	Pflegemaßnahmen	
Arbeitsmethoden	Beurteilung von Ober-flächenmaterial und Ver-schmutzungsart,	Lutz (2014)
	Auswahl des Verfahrens,	Böhme et al. (2014)
	Auswahl von Gerät und Hilfsstoff	Huth (2007)
Häufigkeit	Schleusenbereiche, Boden,	DIN 77400
	Arbeitstische am häufigsten	Lutz (2014)
		Huth (2007)
Qualitätsniveau	Qualitätsstufen 1–5	Biv (2002)
Qualitätsprüfung	tolerierbare Fehler	Biv (2002)

des nimmt der Aufwand progressiv zu. Für Schulen regelt eine DIN-Norm (DIN 77400) beispielgebend für öffentliche Gebäude den Aufwand für die regelmäßige Reinigung, die sog. Unterhaltsreinigung. Für die professionelle Reinigung ist Staub ein Teil des Schmutzes. Die Beseitigung von Schmutz schließt die Staubentfernung ein. Diese Sichtweise wird in den Abschnitten Planungsschritte der Reinigung nach Tab. 5.2 übernommen. Zur Besonderheit des Staubes gehört, dass er fortwährend anfällt und so zum ständigen Begleiter anderer Schmutzarten wird.

Die professionelle Reinigung zielt nicht direkt auf die Vermeidung von Schmutz ab. Mit dem Wissen über die Bewegungsgesetze des Staubes sind wir in der Lage, eine Strategie zur Verringerung des Schmutzanfalls zu entwerfen. In Kombination mit der ergebnisorientierten Reinigung lässt sich der Reinigungsaufwand auch innerhalb der eigenen Wohnung spürbar reduzieren. Aus diesem Grunde soll sich der Blick auf die staubträchtigen Nachschubwege des Schmutzes im Gebäude richten.

5.3 Wohnflächen

5.3.1 Außenbereich

Innenräume haben ihr eigenes Staubgeschehen. Sie sind durch Wände und Decken von der Umwelt abgetrennt. Fenster sind Eintrittsöffnungen für Umweltstaub. Türen sind Eintrittsöffnungen für anhaftenden Schmutz. Träger sind Füße von Mensch und Tier, Oberflächen der Kleidung und das Fell von Tieren. Das Äußere eines Gebäudes ist dem Umweltstaub ausgesetzt. Er rieselt ständig auf möblierte Terrassen und Balkone, Fensterbänke und auf den Boden des Hauseingangsbereichs herab. Durch Schmutzübertragung im Außenbereich holen wir uns diesen Schmutz in die Innenräume.

Der Staubgehalt der Außenluft schwankt mit dem Wetter und der Jahreszeit. Nach Niederschlägen ist die Luft wohltuend staubfrei. Der Zustand hält solange an, wie die benetzten Oberflächen das Wiederaufwirbeln von Staub verhindern.

Die Luftgeschwindigkeiten in Innenräumen bleiben in der Regel unter der Windgeschwindigkeit 1. Bei darüber liegenden Windgeschwindigkeiten im Freien bilden sich Turbulenzen aus mit zunehmendem Potenzial für das Aufwirbeln von Staub.

In Innenräumen gibt es keinen reinigenden Regen. Ersatzweise errichten wir Barrieren gegen das Eintragen von Schmutz. Ein Anteil gelangt trotzdem ins Haus und muss mit zusätzlich hier entstehendem Schmutz mithilfe von Putzgeräten eingesammelt werden – ein relativ hoher Preis für unsere Wohnkultur. Jahreszeitlich bedingt gibt es Belastungsspitzen für Staub: im Frühjahr beim Pollenflug, im Sommer beim Niederschlag von Staub aus der Sahara und im Herbst beim Verwehen von Samen und Herbstlaub; im Winter sorgt der Salzspray des Straßenverkehrs für korrosives Potenzial in der Luft. Je nach Lage des Gebäudes kommen örtlich und zeitlich begrenzte Immissionen hinzu, die von Baustellen, Straßenverkehr und Gewerbebetrieben ausgehen. In der Regel gehört frisch abgesetzter Umweltstaub zum gering haftenden Schmutz und ist somit leicht zu entfernen.

Mit zunehmender Windgeschwindigkeit werden grober Staub und leichtes Material angeweht und im Staubereich des Hauses abgelagert. So werden die Außenbereiche des Hauses zum Sammelplatz zusätzlichen Schmutzes.

Schuhe gehören zum Bodenbereich und sind nach Aufenthalt im Freien dem Boden vergleichbar belastet. Druck und Reibung während des Gehens sorgen für unvermeidliche Haftung von Staub und Feuchtschmutz.

Beim Eintritt in ein Gebäude verteilt sich der anhaftende Schmutz längs der Laufwege. In Abb. 5.1 ist beispielhaft eine Wohnung mit Schleppwegen für Staub und Schmutz dargestellt. Barrieren sollen das Einschleppen eindämmen. In der Reinraumtechnik werden solche Barrieren in Form von Eingangsschleusen konsequent genutzt. Kleiderwechsel und Reinigung sorgen für Anpassung an das höhere Reinheitsniveau des Arbeitsraumes. Im Wohnbereich wird das Schleusenprinzip in angepasster Form verwirklicht, z. B. durch Ablegen von Schuhen und Wetterschutzkleidung im Eingangsbereich.

5.3.2 Eingangsschleusen

Schleusen haben Barrierefunktion gegen das Eindringen von Staub und Schmutz in den Raum mit höherer Reinheitsstufe. Bei niedriger Barrierehöhe können bis zu 80 % des Innenraumschmutzes eingeschleppt werden.

Ein großer, abgeschlossener Flur ist der ideale Schleusenraum zwischen Außen- und Innenbereich. Der Flur dient als wirksame Barriere gegen das Eintragen von Schmutz in die Wohnung. Hier werden Schuhe gewechselt, Handwerker ziehen Überschuhe an, Mäntel und belastete Kleidung werden an der Garderobe abgelegt, das Haustier wird abgerieben. Schmutzfangmatten gehören zur Ausrüstung jedes Flurs. In großen Gebäuden gibt es Sauberlaufmatten, die für mindestens 6–10 Schritte ausgelegt sein müssen (Lutz 2014; Böhme et al. 2014). Ein sauberer Flur im Treppenhaus wirkt als Sauberlaufzone, eine echte Schleuse ist das nicht, da in der Regel kein Kleiderwechsel möglich ist. Balkone und Terrassen werden nach der Wohnflächenberechnungsverordnung der Wohnfläche zugerechnet; normalerweise sind sie ohne Schleuse mit den Wohnräumen verbunden. Schmutzfangmatten, besonders auf der Innenseite, sind hier die einzige Barriere gegen Schmutzeintrag. Der Reinigungsbedarf der Balkone steht auf gleicher Stufe wie der des Schleusenraumes Flur. Die Redewendung „vor der eigenen Tür kehren" hat hier ihren praktischen Bezug.

Feinstaub aus der Umwelt überspringt diese Barrieren. Die Innenraumluft enthält bei regelmäßigem Lüften die gleiche Menge Feinstaub wie die Außenluft. Feinstaub kommt von oben.

In der Reinraumtechnik haben Schleusenräume die Aufgabe, Personen, Güter oder Werkzeuge auf das Reinheitsniveau der Arbeitsräume zu bringen. Reinräume trifft man zunehmend in vielen Branchen wie Mikroelektronik, Pharmazie, Medizin oder Lebensmittelverarbeitung. Die Wohnung ist zwar kein klassifizierter Reinraum, die Kenntnis einiger Zusammenhänge darüber ist aber hilfreich.

Schleusen verhindern den Schmutzeintrag in die Arbeitsräume. Im Fall der Mikroelektronik geht es auch um das Abfangen feiner Staubpartikel aus der Zuluft, in der Lebensmitteltechnik um das Abfangen von Mikroorganismen.

Im Schwarzbereich einer Personenschleuse werden Straßenschuhe ausgezogen, im Weißbereich werden Innenraumschuhe angezogen, Hände gewaschen und staubarme Schutzkleidung übergestreift. Bei Reinräumen der höchsten Klasse folgt eine weitere Schleuse, in der restliche Partikel von der Kleidung abgeblasen und gleichzeitig abgesaugt werden (VDI 2083).

In der eigenen Wohnung erfüllt ein abgeschlossener Flur mit genügend Platz und Stauraum für den Schuh- und Kleiderwechsel die Anforderungen an eine Eintrittsschleuse für Personen und für mitgebrachte Gegenstände.

Wohnräume haben keine Reinraum-Klassifizierung, allein schon deshalb nicht, weil der Privatbereich nicht reglementiert werden kann. Die gleiche Einschränkung zeigte sich bereits für Richtlinien für die Innenraumluft. Der Privatbereich steht unter Grundgesetzschutz.

Der Wohnraum ist außerdem kein einheitlich reiner Bereich, es gibt zu viele hausinterne Staubquellen. Für eine erfolgreiche Schmutzabwehr ist es von Vorteil, das Prinzip der Schleusen zwischen den unterschiedlich belasteten Räumen angepasst umzusetzen. Bei zwangsbelüfteten Gebäuden entfällt wegen der Filterung der Frischluft das Eindringen von Grobstaub, einschließlich Insekten.

5.3.3 Innenbereich

Die Staub- und Schmutzbelastung in Innenräumen hängt von der Art der Bewegungsabläufe der Bewohner ab. In Abb. 5.1 sind die Eintrittswege mit besonderer Staub- und Schmutzbelastung für die Böden eingezeichnet. Der Eingang zum Flur steht obenan; hier lösen sich Partikel von Schuhen ebenso beim Abstreifen der Außengarderobe. In der Wohnung selbst gibt es Räume

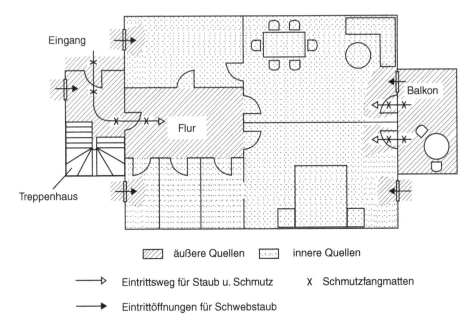

Abb. 5.1 Wohnung und Staubbelastung

mit erhöhter Staubbelastung. Standardmäßig gehört hierzu die Küche, in der beim Umgang mit Lebensmitteln, beim Zerkleinern und Umschütten eine nicht versiegende Quelle von Staub und Krümeln sprudelt. Vieles davon landet auf dem Boden.

Beim täglichen Kleiderwechsel verteilt sich angesammelter Abrieb von Bekleidung und Haut auf allen Flächen der Einrichtung (Raumkomponente). Ein eigener Ankleideraum oder entsprechend großer Sanitärraum für den Kleiderwechsel kann die weiträumige Staubausbreitung eingrenzen. Befindet sich im Wohnraum eine Kleinfeueranlage, dann bildet das gelagerte Brennmaterial wegen seiner Schüttguteigenschaft eine ergiebige Quelle für Staub. Mit einem frischen Weihnachtsbaum holen wir uns einen Zoo von Kleinlebewesen ins Haus. Staubquellen mit hohem Ausbreitungspotenzial sind Handwerkerarbeiten mit Maschineneinsatz.

Zusammenfassend kann gesagt werden: Der Fußbodens ist der Ort der größten Anreicherung von Verunreinigungen; er ist Endstation für Material und Abfall verschiedener Größe, Zusammensetzung und Herkunft. Arbeitstische sind hierbei eine Zwischenstation. Auf Laufwegen wird Staub erzeugt und weiträumig verteilt, bis er sich auf allen Flächen des Raumes, auf Möbeln meist gut sichtbar, absetzt. Wir sehen, im Gebäude kommt der Staub von unten.

5.4 Raum und Raumkomponenten

5.4.1 Raumarten

Größe und Nutzung des Gebäudes bestimmen in erster Linie den erforderlichen Reinigungsaufwand. Ein Gebäude wird unterteilt in solche Bereiche, die aus Sicht der Reinigung gleich zu behandeln sind (DIN 277-2). Für die häusliche Wohnung sind es die bekannten Räume: Wohnraum, Küche, Diele, Bad, Sanitär- und Abstellraum. Grundsätzlich hohe Belastung weisen Flächen im Außenbereich auf: Balkon, Terrasse, Hauseingang (vgl. Abb. 5.1). In Schulen und Verwaltungsgebäuden sind die meisten Raumarten mehrfach vorhanden wie Klassenräume oder Büros. Die Zimmerfläche ist eine Bezugsgröße für die Bestimmung des Zeitbedarfs der Reinigung, die korrekte Flächenbestimmung erfolgt nach Norm (DIN 277).

5.4.2 Raumkomponenten

Jeder einzelne Raum wird untergliedert in fünf Raumkomponenten (vgl. Tab. 5.2). Den Anfang machen die Hauptnutzungskomponenten. Hierzu zählen in Wohnräumen die meist genutzten Einrichtungen wie Arbeitstische oder Sitzmöbel, in Sanitärräumen Waschbecken und Toilette. Auch unter hygienischen Aspekten müssen diese Raumkomponenten intensiv und häufig gereinigt werden.

In die zweite Gruppe wird das restliche Inventar eingeordnet, beispielsweise Vitrinen, Schränke oder Beleuchtung.

Die dritte Gruppe umfasst die Fußböden. Sie sind die am stärksten mit Grobstaub und Abfall belastete Raumkomponente. Zum Fußboden zählen Schmutzfangmatten, Bodenschwellen, Randleisten. Im Prinzip gehören auch bewegliche Objekte in diese Kategorie wie Schuhe oder Laufräder mit Bodenkontakt. Für Eingangsbereiche schreibt die Norm besonders häufiges Reinigen vor.

Wände und Decken bilden eine eigene Raumkomponente. Zu den Wänden rechnen Türen, Fensterbänke, Einbauschränke, Beleuchtung, Heizkörper, Bilder und Spiegel sowie an den Wänden festmontierte Objekte wie Garderobe und Heizkörper.

Den Abschluss bilden die schwer einsehbaren Bereiche. Hierzu rechnen Höhen über 1,80 m, Wände hinter Heizkörpern, Fußböden unter Möbeln mit kurzen Beinen. Diese Bereiche sind Rückzugsgebiete für Mikroorganismen und das von ihnen lebende Ungeziefer.

Überstellungen verlängern die Reinigungszeiten. Zu den Überstellungen von Fußböden gehören Tische, Stühle, Sessel, Stehlampen oder Gerätekabel.

Letztere gehören auch zu den Überstellungen bei Möbeln neben Blumen-
töpfen, Tischlampen, Computern, Schriftgut, Dekorationsartikeln und
vielem anderem mehr.

5.5 Verschmutzungsart

Aus Sicht der Reinigung werden drei Arten von Schmutz unterschieden:

* Aufhebbarer Abfall wie Papierstücke, Pflanzenblätter, längere Fäden u. Ä.,
* nicht haftender, lose aufliegender Schmutz, der nicht aufgehoben werden
  kann und
* fest haftender Schmutz, der besonderen Reinigungsaufwand nach sich
  zieht.

Wenn alle drei Schmutzarten gemeinsam auftreten, was bei Fußböden nicht
selten der Fall ist, muss jede Schmutzart für sich in der genannten Reihenfolge
entfernt werden.

5.6 Reinigungsart

Während man bei der Verschmutzungsart danach unterscheidet, wie fest
der Schmutz auf der Oberfläche haftet, zielt die Reinigungsart auf den
organisatorischen Ablauf der Reinigung und Pflege ab.

5.6.1 Unterhaltsreinigung

An erster Stelle steht die Unterhaltsreinigung, die regelmäßige Reinigung von
Böden, Wänden und Raumkomponenten. Sie bildet das „Brot-und-Butter-
Geschäft" der Reinigung. Die Reinigungsintervalle erstecken sich von täg-
lich bis jährlich. Überwiegend wird dabei lose aufliegender Schmutz entfernt.
Nutzungsbedingt gehört auch ein gewisser Anteil fest haftender Schmutz hier-
zu, in der Regel Getränkeflecken und durch Reibung übertragene Materie.

5.6.2 Grundreinigung

Die zweite Reinigungsart bildet die Grundreinigung. Sie ist bei Bezug einer
Wohnung oder nach Sanierungsmaßnahmen im Gebäude fällig. Dabei wird
auch besonders fest haftender Schmutz entfernt. Bei normalem Wohn-
betrieb mit regelmäßiger Unterhaltsreinigung schwinden mit der Zeit Rein-

heit und Glanz der Oberflächen. Bei solchen Gebrauchsspuren wird eine Grundreinigung fällig mit der positiv besetzten Bezeichnung Frühjahrsputz. Im gewerblichen Bereich werden für die Grundreinigung Maschinen eingesetzt, die den erforderlichen Kraftaufwand zur Entfernung fest haftenden Schmutzes übernehmen.

5.6.3 Sonderreinigung

Die dritte Reinigungsart steht für Sonderreinigung oder auch Zwischenreinigung. Sie ist eine vorgezogene Grundreinigung, bei der – wegen der Anlass gebenden Intensität der Verschmutzung –angepasste Reinigungsmittel erforderlich sind. Beispiele sind Fleckentfernung verschütteter Flüssigkeiten auf Glatt- oder Teppichböden. Hier ist die Abstimmung zwischen Reinigungsmittel und Materialbeständigkeit des Bodens besonders wichtig.

5.6.4 Pflegemaßnahmen

Pflegemaßnahmen werden wegen ihrer Bedeutung für den Substanzerhalt des Oberflächenmaterials als eigene Reinigungsart geführt. Pflegefilme erhöhen den Schutz besonders vor fest haftenden Verschmutzungen. Das Aufbringen einer pflegenden Emulsion aus natürlichen Wachsen oder Ölen schließt die Grundreinigung von glatten Oberflächen ab. Feine Risse in der Oberfläche werden geschlossen, das Grundmaterial wird vor dem Austrocknen und Verspröden geschützt und gleichzeitig dem Eindringen von Schmutz vorgebeugt. Im gewerblichen Bereich werden zum Aufbringen des Pflegefilms auf den Boden meist Maschinen mit rotierender Scheibe eingesetzt. Zum Teil werden Reinigung und Pflege kombiniert, indem der Reinigungsflotte Pflegemittel zugesetzt werden.

5.6.5 Glasreinigung

Die Glasreinigung wird als eigene Reinigungsart geführt; Fenster gehören gleichermaßen zum Innen-und Außenraum. Die Lage der Fenster und die Druckempfindlichkeit der Scheiben erfordern erhöhten Sicherheitsaufwand bei der Reinigung. Es überrascht oft, dass sich Glasoberflächen kratzempfindlich gegenüber hartem Material zeigen, wie z. B. Quarzpartikeln. Fensterrahmen gehören zum Fenster; bei der Reinigungsvergabe sind sie als eigene Position zu führen. Die professionelle Reinigung heutiger Prägung begann 1878. In diesem Jahr gründete der Franzose Marius Moussy in Berlin das „Französische Reinigungsinstitut". Die Firma beschäftigte sich ausschließlich mit der Glasreinigung.

5.7 Arbeitsverfahren (= Arbeitsmethoden)

Die Auswahl der optimalen Arbeitsmethode läuft über 3 Stufen:

* Beurteilung des Oberflächenmaterials,
* Einschätzung der Verschmutzungsart,
* Auswahl des passenden Verfahrens einschließlich der erforderlichen Geräte, Maschinen und Hilfsstoffe.

Die Auswahl des geeigneten Reinigungsverfahrens für die vielen Kombinationsmöglichkeiten von Oberfläche und Schmutz füllt die Fachbücher der Reinigungstechnik (Lutz 2014; Böhme et al. 2014). Die gängigsten Kombinationen sollen erwähnt werden. In der Begriffswelt der Reinigung gibt es zahlreiche Synonyme; die DIN-Norm spricht von Arbeitsmethoden, die Gebäudereiniger verwenden den für optimierte Arbeitsabläufe üblichen Begriff Verfahren. Über 30 Reinigungsverfahren wurden definiert.

90 % aller Flecken sind mit Wasser zu entfernen. Bei trockenen Verfahren kommen Saugen, trockenes Wischen, Reinigungspulver oder Radiergummi in Betracht. Bei den Nassverfahren sind geeignete Reinigungsmittel auszuwählen, die Schmutz ablösen und in der Waschflotte in Schwebe halten (emulgieren). Unter Waschflotte wird das im Arbeitsgang befindliche Reinigungsmittel verstanden, wie in der Waschmaschine oder im Putzeimer. Der Einsatz von antibakteriellen Mitteln bei der Reinigung im Haushalt ist nicht erforderlich. In Wohngebäuden werden mit herkömmlichen Reinigungsmitteln hygienische Verhältnisse hergestellt (BfR 2000). Einen schematischen Überblick über den abgestuften Einsatz von Wasser bei der Reinigung gibt Tab. 5.3.

5.7.1 Oberflächen

Zur Entfernung von lose aufliegendem sowie gering haftenden Schmutz kann der Staubsauger für alle Böden verwendet werden, beispielsweise für Teppich-, Glatt- oder Steinböden. Auch die Böden der Außenbereiche wie Balkon und Eingangsbereich einschließlich der Schmutzfangmatten werden in die Unterhaltsreinigung durch Staubsaugen einbezogen. Hier empfehlen sich für den Außenbereich reservierte Düsen. Bei Regen fällt die Außenreinigung aus.

Tab. 5.3 Gestufter Einsatz von Wasser bei der Reinigung. Nach Huth (2007)

Reinigendes Medium	Trocken	Schleuder-feucht	Feucht	Nass	Geflutet (waschen)
Behandelte Fläche	Teppich, Polstermöbel	Geräte, Schalter, Türen	Glattböden	Flecken	Dekorationen, Wechselbezüge

In der Unterhaltsreinigung werden Teppichböden und Polstersessel ge-saugt. Dabei wird Schmutz unterschiedlicher Form und Größe wie Papier-schnipsel, im Teppichflor verhaktes Fasermaterial und lose Partikel in einem Arbeitsgang entfernt. Bei Bedarf transportieren Bodendüsen mit rotierender Bürste auch tiefer sitzende Partikel in den Saugstrom. Beim Saugen heller Oberflächen ist zu beachten, dass die Borsten der Düsen sich im Gebrauch mit Feinstaub beladen und diesen wieder in die Textilflächen einreiben mit der Folge allmählicher Vergrauung der Gewebe.

Von Glattböden wie Laminat, Parkett oder PVC wird lose aufliegender Staub leicht aufgewirbelt. Messungen haben gezeigt, dass der Staubgehalt in der Innenraumluft im Durchschnitt höhere Werte annimmt als die in der Außenluft zulässigen 50 µg/m³ (IBO 2005). Für Glattboden wird deshalb Feuchtwischen mit Wischmopp für die Unterhaltsreinigung empfohlen. Grobes Material muss beim Wischen in Bögen vor dem Wischmopp her-geführt werden, um es am Ende gesondert zu entsorgen, z. B. durch Auf-saugen.

Beim Nasswischen von fest haftendem Schmutz muss der Boden frei von lose aufliegendem Material sein. Je nach Belastung wird der Boden vorher ge-saugt oder sogar feucht gewischt. Lohn der Arbeit: Beim Nassreinigen bleibt die Luft – weitgehend – staubfrei!

Zur Entfernung fest haftender Verschmutzungen wird auf Beiträge aus vier Bereichen zurückgegriffen:

- Chemie
- Mechanik
- Temperatur
- Zeit

Diese vier Faktoren sind im Sinnerschen Kreis vereint mit der Bedeutung, dass die Komponenten in begrenztem Rahmen gegeneinander austauschbar sind (Lutz 2014).

Chemische Wirksubstanzen lösen den Schmutz und verwandeln ihn in Schwebeteilchen im Reinigungswasser: Netzmittel (Tenside) schieben sich zwischen Partikel und Oberfläche, Emulgatoren hüllen die Partikel ein und vereinzeln sie im Wasser. Die gleiche Aufgabe übernehmen Komplexbildner, die schwer lösbare Metallionen transportierbar machen. Reinigungsmittel sollen die Oberflächen schonen und im Abwasser möglichst einschließlich des gelösten Schmutzes biologisch abbaubar sein.

Der Bereich Mechanik steht für Krafteinsatz durch Muskelkraft oder Ma-schine. Die Temperatur beeinflusst die Ablösung von Belägen. Zeit verbraucht das Anlösen haftender Beläge sowie ihre anschließende Entfernung.

Sie können den Sinner'schen Kreis auch als Energiekreis verstehen. Verschmutzungen werden mit chemischer, mechanischer und Wärmeenergie gelöst. Für die dabei ablaufenden physikalischen Transportvorgänge (Diffusion, Wärmeleitung) wird Zeit benötigt.

Die Wirksubstanzen gibt es auch in konzentrierter Form, oft feucht auf Trägerpartikeln wie feinem Holzmehl oder Kunststoffgranulat fixiert. Mit dem Feuchtpulver können Teppichböden oder Polsterbezüge quasi trocken einer Sonderreinigung unterzogen werden.

Bei der Unterhaltsreinigung der übrigen Raumkomponenten (Möbel, Wände) kann gesaugt werden. Auf glatten und lackierten Oberflächen hinterlassen Pinseldüsen feine Schleifspuren, die erst nach einiger Zeit sichtbar hervortreten. Die Borsten der Pinseldüse sind funktionsbedingt relativ steif. Die Lösung sind der Einsatz von Mikrofasertuch und Staubwedel, die Staub auch trocken aufnehmen können. Sind die Fasern mit Staub gesättigt, beginnt die Rückübertragung auf die Oberflächen. Die Tücher sind rechtzeitig zu waschen. Der Vorgang entfällt bei Einmaltüchern.

Ein mit Mikrofasertuch bespannter Gelenkmopp eignet sich besonders für schwer einsehbare Bereiche. Je feiner die Mikrofaser, desto besser die Staubaufnahme. Die nur 1 µm dicken Fasern bauen sich aus mehreren feinsten Einzelsträngen auf. Das Material der Stränge besteht je zur Hälfte aus Polyester und Polyamid. Damit vereint die Faser hervorragende Eigenschaften: Polyester bindet Wasser, Polyamid kann Fett adsorbieren. Mikrofasertücher aus diesen Fasern reinigen porentief raue Oberflächen (z. B. Feinsteinzeug) genauso wie fetthaltige Griffspuren an Türen und Tasten ohne weitere Hilfsmittel.

5.7.2 Geräte und Maschinen

Staubsauger (nicht Schmutzsauger) sammeln Staub und kleinteiligen Abfall in einem weiten Größenbereich ein. Die Düse löst den Staub vom Untergrund, der Luftstrom bringt Druck auf die Partikel und erfasst sie. Im Gehäuse des Saugers wird die Luft in zwei Stufen vom Staub befreit. Die meisten Geräte nutzen dazu zwei in Reihe geschaltete, trocken arbeitende Speicherfilter.

Im ersten Filter, dem Filterbeutel, wird Grobstaub vollständig abgefangen; ein beachtlicher Teil Feinstaub passiert aber den Filterbeutel. Dieser Anteil wird in dem nachgeschalteten zweiten Filter abgeschieden. Optimal geeignet hierfür ist ein HEPA-Filter (DIN EN 1822). Technisch gesehen ist der HEPA-Filter im Staubsauger ein Schichtenfilter in Kassettenbauweise.

Nach Beladung werden beide Speicherfilter ausgetauscht. Der Austausch erfolgt weitgehend staubfrei. Dafür sorgen verschiedene Mechanismen: die Verschlussautomatik beim Filterbeutel einerseits und die gute Haftung des Feinstaubes in der Filterkassette andererseits.

Handelsüblich sind Schichtenfilter in HEPA-12-Qualität. Sie halten den schwer abscheidbaren Feinstaubanteil der Größe 0,3 µm zu 99,5 % zurück. Staubteilchen, die größer und kleiner als 0,3 µm sind, werden praktisch ganz abgeschieden. Blütenpollen mit mittlerem Durchmesser von 10 µm und andere Allergene werden im HEPA-Filter also vollständig abgefangen.

Im Luftstrom zwischen Filterbeutel und HEPA-Filter arbeitet das Gebläse des Saugers, das vor allem den Unterdruck erzeugt. Für den Fall, dass der Staubbeutel reißen sollte, ist zum Schutz des Motors ein einfaches Filtervlies eingebaut. Voraussetzung für wirtschaftliche Saugleistung ist ein luftdichtes Gehäuse einschließlich des Schlauchsystems. Unter dieser Voraussetzung werden 20 % der elektrischen Energie des Motors in Luftstrom umgewandelt (Huth 2009). In einigen Wohnungen gibt es ein zentrales Saugnetz mit Anschlüssen in jedem Zimmer für den Saugschlauch. Die Maschine steht im Keller, die Ausblasluft wird in den Keller oder ins Freie geleitet.

Wenn auch Leistungseffizienz und Staubrückhaltung ein hohes Niveau erreicht haben, so ist festzustellen, dass viel Luft zur Förderung von wenig Staub gebraucht wird. Ursache dafür ist die geringe Reichweite des Saugstromes, er wirkt nur auf kurze Distanz. Ein Austrittsstrom wirkt über größere Distanzen. Eine Kerze wird durch Anblasen gelöscht; versucht man es durch Luftansaugen, wird es schwierig. Teppichdüsen sind konstruktiv so gestaltet, das die Forderung nach kurzen Saugwegen optimal erfüllt wird.

Die Entfernung fest haftender Verschmutzungen aus Teppichboden ist aufwendig. Die Verwendung von Wasser muss kontrolliert erfolgen, um die anschließende Trocknung nicht zu erschweren. Für kleine Flächen reicht die Benetzung mit einer Sprühflasche. Im gewerblichen Bereich gibt es geeignete Maschinen, die z. B. nach dem Verfahren der Sprühextraktion arbeiten. Das Verfahren ist anspruchsvoll. Der Teppich wird zuerst gesaugt. Danach sprüht das Gerät im ersten Arbeitsgang eine Reinigungslösung auf und arbeitet sie ein. Im zweiten Schritt wird Wasser aufgespritzt und die Schmutzflotte abgesaugt. Weniger konsequent im Verfahren, aber preiswerter sind Geräte mit nur einer Waschlösung, die auch für den Hausgebrauch angeboten werden. Eine preiswerte Alternative für die Fleckentfernung (Detachur) für die eigenen vier Wände bietet der manuelle Einsatz von Reinigungspulver. Feuchtpulver einreiben, der Schmutz geht an das „aktive" Pulver über, absaugen.

Das Nasswischen von Glattböden erfordert Krafteinsatz. Im gewerblichen Bereich werden Scheuersaugmaschinen eingesetzt, die verhältnismäßig schwer sind. Beim Nasswischen großer Flächen im Handbetrieb ist das Doppeleimerprinzip optimal, weil das Trockenwischen mit sauberem Wasser erfolgen kann. Auch hier muss der Boden von lose aufliegendem Schmutz frei sein. Wird die lose aufliegende Schutzmenge zu groß, muss vorher gesaugt werden. Kehren sollte man im Wohnbereich nur dann, wenn Stückgut eingesammelt werden muss, wie z. B. beim Aufkehren von Scherben. Gegen das Kehren vor der eigenen Haustür ist nichts einzuwenden. Im gewerblichen Bereich ist das Kehren gesundheitsgefährdender Stäube verboten. Der Übergang vom Kehren zum Saugen entspricht dem generellen Trend.

5.7.3 Krafteinsatz

Staubsaugen und Nasswischen erfordern Krafteinsatz. Beim Saugen ist das Schieben der Bodendüse und beim Nasswischen das Schieben des Wischmopps die kraftaufwendigste Bewegung. Beim Feuchtwischen beansprucht die ausholende Bewegung des Wischmopps die Muskeln einseitig. Eine entspannte, rhythmische Bewegungsergonomie mit ausreichend langem Stiel beugt Überlastungen vor (Huth 2009).

Beim Saugen mit hoher Motorleistung wird die Teppichdüse stark angezogen, wodurch der Schiebeaufwand erheblich zunimmt. Dabei kommt es zur Drosselung des Luftstromes, der für den Abtransport der Schmutzpartikel fehlt. Optimal ist ein Saugstrom, der so dicht über den Teppich geführt wird, dass er den Teppichflor voll durchströmt, Bedingungen, die mit Teppichdüsen gut erfüllt werden.

5.7.4 Arbeitsgeschwindigkeit

Die Reinigung von Oberflächen lässt sich nicht beliebig beschleunigen. Die Ablösung des Schmutzes und die Aufnahme in das Reinigungsmedium sind zwei Schritte, die nacheinander ablaufen. Beim Staubsaugen ist die Staubaufnahme der die Geschwindigkeit bestimmende Schritt, beim Nasswischen das Ablösen des Schmutzes. Als Arbeitsgeschwindigkeit beim Staubsaugen haben sich 0,5 m/s als optimal erwiesen, optimal hinsichtlich Reinheitsergebnis, Krafteinsatz und Bewegungsrhythmus. Schnelleres Arbeiten geht auf Kosten der Sauberkeit; ein Teil des Schmutzes bleibt liegen (Huth 2009). Die rechnerische Stundenleistung für eine 30 cm breite Bodendüse beträgt für die optimierte Düsengeschwindigkeit 270 m². Rüstzeiten für die Gerätebereitstellung und Zeitaufwand für das Beiseiteräumen von Überstellungen sind hierin nicht enthalten. In der Literatur werden Flächenleistungen zitiert, die höher sind bis hin zum doppelten Wert. Die Erfahrung sagt, dass mit der Häufigkeit der Reinigung die optimale Flächenleistung zunimmt (Schäfer 2006); Baumholzer 2011).

Zu hohe Geschwindigkeit beim Feucht- und Nasswischen führt zu schlechten Ergebnissen. Bei Bürstensaugmaschinen können Streifen zurückbleiben, wenn sie zu schnell bewegt werden.

5.8 Häufigkeit der Reinigung

Für Schulgebäude schreibt die DIN 77400 Reinigungszyklen für Räume und Raumkomponenten vor, die Schmutzbelastung einerseits und Hygieneanforderungen andererseits berücksichtigen. Wegen der Ausgewogenheit des Planes wird eine Auswahl in Tab. 5.4 gezeigt.

Die tägliche Reinigung von Schmutzfangmatten und Böden der Eingangsbereiche verhindert auch, dass der Schmutz zur Quelle von wieder aufgewirbeltem Staub mit weiträumiger Ausbreitung wird.

Im Wohnbereich hat die wöchentliche Unterhaltsreinigung Tradition. Für stark belastete Bereiche wie Flur mit Schmutzfangmatten und Küchenboden lohnen sich im Einzelfall kürzere Zyklen. Die Staubausbreitung auf andere Raumkomponenten wird reduziert, sodass die Häufigkeit der Reinigung dort gestreckt werden kann.

Tab. 5.4 Reinigungshäufigkeit in Schulgebäuden, ausgewählte Bereiche. Nach DIN 77400

Eingang	
Schmutzfangmatten	tgl.
Fußböden	
Textile Beläge saugen	tgl.
Glattböden	tgl.
Mit vorheriger Grobschmutzentfernung	
nass wischen	
Klassenraum	
Glattböden	wöchentlich
Teppichböden	2 x wöchentlich
Tischoberflächen	2 x wöchentlich
Türen und Lichtschalter	wöchentlich
Griffspuren entfernen	
Schränke	mtl.
Heizkörper	6 x jährl.
Küche zur Schülerverpflegung	
Geflieste Böden und Wände	tgl.
Tischoberflächen	tgl.
Türen und Lichtschalter	tgl.
Schränke	wöchentlich
Heizkörper	mtl.

5.9 Qualität der Reinigung

Die ergebnisorientierte Reinigung von Oberflächen kann nur funktionieren, wenn das Ergebnis der Reinigung objektiv beurteilt, d. h. gemessen werden kann. Die allgemeinen Anforderungen an ein solches System wurden 2001 als europäische Norm vorgeschlagen, wobei das System für Auftraggeber und Ausführer gleichermaßen leicht verständlich sein soll (DIN EN 13549). Der Bundesinnungsverband des Gebäudereinigerhandwerks hat ein System entwickelt, das diesen Anforderungen genügt. Danach werden die sichtbaren Verschmutzungen gezählt, die auf den Raumkomponenten nach der Reinigung mit bloßem Auge zu erkennen sind. Schmutz auf einer Fläche bis 1 m² gilt als 1 Fehler, bei lang gestreckten Teilen wird 1 m als Betrachtungseinheit zugrunde gelegt. Beispiele: Wollmäuse auf 1,5 m² unter dem Schreibtisch, 2 Fehler; verschmutzter Teppichrand auf einer Länge von 2,5 m, 3 Fehler. Sichtbarer Schmutz auf Raumkomponenten gilt jeweils als 1 Fehler. Beispiele: Krümel auf Schreibtisch oder Griffspuren auf Schranktür jeweils 1 Fehler. Staub lagert sich auf Möbeln in dünnen Schichten ab, die je nach Oberfläche schwer zu erkennen sind. In diesem Fall kann eine Wischprobe notwendig werden. Schmutz im Sinne der Qualitätsbeurteilung bedeutet Summe aus Abfall, nicht haftenden und haftenden Verschmutzungen.

Die Anzahl der als zulässig vereinbarten Fehler bestimmt das Qualitätsniveau der Reinigung. Es gibt 6 Qualitätsstufen. Sie reichen von Stufe 0 (keine Reinigung vereinbart) über die Stufen 1–5; letztere bedeutet den höchsten Reinheitsgrad. Für Gebäude mit vielen Räumen stützt sich die Bewertung auf statistische Fehlerauswertung auf der Basis weniger ausgewählter Räume, die genau kontrolliert werden. Die Einzelkontrolle wäre nicht wirtschaftlich (Biv 2002). Um einen Eindruck vom Praxisbezug des Systems zu vermitteln, wurde die Anzahl der zulässigen Fehler je Qualitätsstufe für einen mittelgroßen Büroraum beispielhaft zusammengestellt (vgl. Tab. 5.5).

Tab. 5.5 Zulässige Verschmutzungen für 5 Reinheitsniveaus, Büroraum, 16–35 m². Nach Biv (2002)

Niveau	HK	RI	W/D	B	SEB
5	1	0	0	0	0
4	1	1	1	1	1
3	1	1	2	1	2
2	2	2	3	2	2
1	4	4	4	4	5
0	keine Reinigung				

HK Hauptnutzungskomponenten, *RI* Restliches Inventar, *W/D* Wände/Decke, *B* Boden, *SEB* Schwer einsehbare Bereiche

Mit den Jahren verblasst – trotz steten Aufwandes für Reinigung und Pflege – der Glanz der Oberflächen. Die Abnutzungsspuren sind nicht mehr zu kaschieren. Eine Runderneuerung der Oberflächen wird fällig. Sie beginnt mit Neuanstrich der Wände, setzt sich mit Ersatz des Teppichbodens fort und endet mit Neukauf ganzer „Raumkomponenten". Die Qualität der Innenraumluft dankt es jeweils mit deutlichen Sprüngen nach oben.

Literatur

Baumholzer E (2011) Reinigung in Kinder-Tagesstätten. Fundus, Fachmag Hauswirtsch 2:19–20

BfR (2000) Antibakterielle Reinigungsmittel im Haushalt nicht erforderlich, Bundesinstitut für Risikobewertung, 17/2000

Biv (2002) Qualitätsmesssystem für ergebnisorientierte Reinigungsleistungen, Bundesinnungsverband des Gebäudereiniger-Handwerks

Böhme M, Grüning P, Ladner E, Liersch C, Pfaller C (2014) Fachwissen Gebäudereinigung. Europa-Lehrmittel, Haan-Gruiten

Brockhaus (1966–1981) Brockhaus Enzyklopädie, 17 Aufl. F A Brockhaus, Wiesbaden

DIN 277 (2005) Grundflächen und Rauminhalte von Bauwerken im Hochbau, Beuth Verlag

DIN 277-2 (2005) Gliederung der Grundfläche, Beuth Verlag

DIN EN 1822 (2009) Schwebstofffilter. High efficiency particle air filter, Beuth Verlag

DIN EN 13549 (2001) Reinigungsdienstleistungen, Grundanforderungen und Empfehlungen für Qualitätsmesssysteme, Europäische Norm, Beuth Verlag

DIN 18960 (2008) Nutzungskosten im Hochbau, Nr 330–349 Reinigung und Pflege von Gebäuden und Außenanlagen, Beuth Verlag

DIN 77400 (2015) Reinigungsdienstleistungen, Schulgebäude, Anforderungen an die Reinigung, Beuth Verlag

Enzensberger C (1980) Größerer Versuch über den Schmutz. Ullstein Materialien, Frankfurt a. M.

Huth E (2007) Effizienz in der Hauswirtschaft, Beispiel Reinigung. Fundus, Fachmag Hauswirtsch 3:2–5

Huth E (2009) Leistungsgrenzen bei der Unterhaltsreinigung. Fundus, Fachmag Hauswirtsch 4:20–22

IBO (2005) Feinstaub in Innenräumen. IBOmagazin 3–2005, S 28 f. Österreichisches Institut für Baubiologie und Bauökologie, Wien

Lutz M (2014) Praxisleitfaden Gebäudereinigung. 2 Aufl. ecomed Sicherheit, Verlagsgr. Hüthig, Jehle, Rehm. Heidelberg

Schäfer M (2006) Reinigung von textilen Bodenbelägens. Fundus, Fachmag Hauswirtsch 3:15

VDI 2083 (2013) Reinraumtechnik und DIN EN ISO 14644 (2014) Reinräume und zugehörige Reinraumbereiche. Beuth-Verlag, Berlin

6

Gesellschaft und Hygiene

6.1 Hygiene

Der Drang zur Herstellung von Sauberkeit ist im Erbgut aller Lebewesen angelegt. Gesunde Tiere nehmen sich für die Pflege ihres Äußeren Zeit. Betrachten wir Wasservögel: Ihr glattes Gefieder schützt vor Staub, Schmutz und Wasser. Beim täglichen Putzen werden Flug- und Schwimmapparat gewartet und funktionsfähig gehalten. Auf glänzendem Gefieder ist frischer Schmutz gut zu erkennen und kann gezielt entfernt werden. Hygiene ist die erste Dienerin der Gesundheit. Sauber zu erscheinen ist Ausdruck von Gesundheit und Vitalität.

Der Mensch erlebt Körperpflege von klein an, sodass sich die persönliche Hygiene beim Erwachsenen zum festen Bestandteil seiner Lebensgewohnheiten entwickelt hat. Die Kleidung gehört zur unmittelbaren Umgebung des Menschen, sie bildet seine äußere Hülle. Ihre Pflege ist im Erbgut weniger fest verankert. Sie etabliert sich bei Kindern durch Nachahmung und Erziehung.

Als der Mensch vor 20.000 Jahren sesshaft wurde, musste er das erweiterte dauerhafte Wohnumfeld in seine Hygienemaßnahmen einbeziehen. Der Aufenthalt in immer gleicher Umgebung verstärkt die Anfälligkeit gegenüber seuchenhaften Erkrankungen. Heute grenzt die Wohnung das persönliche Umfeld des Menschen ab. Im Durchschnitt verfügt jeder über 40 m² Wohnfläche, mit steigender Tendenz. Ein Ende der Zunahme ist derzeit nicht in Sicht.

Die Privatsphäre des Bürgers ist in Art. 13 GG als Unverletzlichkeit der Wohnung grundgesetzlich geschützt. In den Bereich der Wohnung kann sich der Mensch zurückziehen und dort nach seinen Vorstellungen schalten und walten, solange er dabei nicht in die Rechte anderer eingreift, was sich erfahrungsgemäß auf zeitungsreife Vorfälle beschränkt. In dem geschützten Bereich seiner Wohnung setzt er die hygienischen Standards. Sie enden an der Wohnungstür oder bei Hausbesitzern am Gartentor. Ein „Messi" beispielsweise darf sich in seiner Wohnung „einmüllen", solange in der Wohnung kein Ungeziefer auftaucht. Der gleiche Rechtsschutz steht dem Hausbesitzer zu, der seinen Garten verwildern lässt. Das Infektionsschutzgesetz schränkt für solche Fälle die Freiheiten nach Art. 13 GG ein. Das Treppenhaus ist nicht Teil der unter Schutz stehenden Wohnung. Über seine Ausschmückung mit Dekorationsartikeln oder die Nutzung als Abstellplatz für Sperrgut kann der Wohnungsinhaber nicht allein entscheiden.

Im öffentlichen Raum sind die Gemeinden für die Schaffung hygienischer Zustände verantwortlich. Die dafür erforderlichen Mittel sind erheblich, da es nicht nur um die Sauberkeit auf Straßen und Plätzen geht. Für die Gemeindeverwaltungen bestand zu allen Zeiten das Problem, die Bürger zur Übernahme ihres Anteils an der Sauberkeit der Gemeinschaftseinrichtungen zu bewegen. Mit der Größe der Gemeinden wachsen die Anforderungen an die Stadthygiene, für den Einzelnen bleibt es bei der Verantwortung für seine Wohnung.

6.2 Mikroorganismen

Heute wissen wir, dass die seuchenhafte Ausbreitung von Krankheiten auf Mikroorganismen zurückgeht. Die Kleinstlebewesen versuchen auf vielen Wegen, auf unserem Körper Fuß zu fassen und sich dort zu vermehren. Sobald ihr Wachstum außer Kontrolle gerät, stehen wir am Anfang einer Infektionskrankheit und werden Glied ihrer möglicherweise epidemischen Ausbreitung. Von einer Infektion ist auszugehen, wenn Krankheitssymptome erkennbar werden. Bis heute sind über 1400 solcher Mikroorganismen bekannt, die beim Menschen Infektionen mit ganz unterschiedlichen Krankheitssymptomen auslösen, wie Fieber, Gliederschmerzen, Durchfall oder Lähmung, um nur einige Beispiele zu nennen. Die Bakterien bilden mit 538 Arten die größte Gruppe (Kayser et al. 2010). Auch Pilze, Würmer und entsprechend kleine Milben können Auslöser von Infektionen werden (vgl. Tab. 6.1).

So vielgestaltig die Übertragungswege der Infektionen sind, so schwierig bis unmöglich ist ihre knappe, übersichtliche Darstellung.

Die Krankheitssymptome werden einerseits von Giften ausgelöst, die besonders Bakterien ausschütten, und anderseits von Reaktionen des Immunsystems. Diese Gifte und die Viren selbst fordern das Immunsystem zu

Tab. 6.1 Erreger von Infektionskrankheiten. (Nach Kayser et al. (2010, S. 4))

Moleküle	Bakterien	Mikroorganismen (Einzeller)	Tiere
Prionen (10–15 nm)	Klassische Bakterien (1–5 µm)	Hefen (5–10 µm) Pilze (Mehrzeller)	Würmer (mm–m)
Viren (20–200 nm)	Chlamydien (0,3–1 µm)	Urtierchen (1–150 µm)	Gliederfüßer (Insekten und Spinnentiere)

Entzündungsreaktionen heraus, die besonders die Nervenbahnen nachhaltig schädigen können. Beispiele hierfür sind Botulismus und Tetanus (in beiden Fällen Bakterien) sowie Poliomyelitis (Viren). Einzelne wenige Keime werden in der Regel von den im ganzen Körper verteilten Abwehrzellen abgefangen. Sind die Angreifer in der Überzahl und kann die Immunabwehr Verstärkung nicht schnell genug rekrutieren, bricht die Krankheit aus.

Bakterien sind ein wesentlicher Mitstreiter bei unserer Verdauung. Die Mehrzahl der Mikroorganismen macht sich nützlich beim Abbau abgestorbener Pflanzen und Tiere und ruft keine Infektionskrankheiten hervor. An der Luft nennt man den Abbau von Biomasse Verwesung. Hier leben aerobe Bakterien, die Pflanzen und Tiere vollständig zu CO_2 und Mineralsalzen abbauen, ohne schlechten Geruch zu verbreiten. Der Abbau unter Sauerstoffmangel wird als Fäulnis bezeichnet. Hier siedeln anaerobe Bakterien, die langsamer arbeiten. Wegen des Sauerstoffmangels bricht der Abbau auf halbem Wege ab. Die Ergebnisse sind als übelriechende Gase und Dämpfe wahrnehmbar. Die Griechen nannten die Ausdünstungen „Miasma". Beispiele für potentiell unvollständigen Abbau unter Sauerstoffmangel finden wir in Sickergruben, in Wurst und bei verschlossen aufbewahrten Speisen. Aerober und anaerober Abbau laufen oft parallel ab. An der Luft beginnt die Zersetzung von Früchten oder von abgestorbenen Tieren von innen her mit Fäulnis, die fortschreitend in Verwesung übergeht. Scheint die Sonne auf das Geschehen, können die Brutstätten der Mikroorganismen austrocknen. Bakterien und Pilze stellen ihren Stoffwechsel ein, manche Keime sterben ab, andere überdauern in verkapselter Form. Frischluft und Sonne sind wichtige Unterstützer der Hygiene, die besonders in der Bauhygiene Eingang gefunden haben.

Mikroorganismen sind auf einen Wirt angewiesen, auf dem sie heranreifen und sich vermehren können. Außerhalb des Wirtes ist ihre Lebensdauer begrenzt. Der Zeitraum spannt sich von Sekunden bis zu Jahren. Lungenpestbakterien überleben nur Sekunden. Bei Grippeviren sind es bereits Stunden. Die Sporen des Milzbranderregers bleiben über 100 Jahre keimfähig. In verkapselter Form können Bakterien und Pilze Trockenheit, hohe Temperaturen und auch Frost überdauern.

Die Haut des Menschen ist dicht besetzt mit Mikroorganismen, auch mit pathogenen. Auf der Haut verbringen sie unauffällig die Zeit. Sie alle beteiligen sich gemeinsam an der Abwehr ungebeten hinzukommender Artgenossen. Auch in anderen Organen verharren sie in Ruhestellung, wie etwa in der Lunge, wo sie nach Verschlechterung des Immunstatus des Menschen zum Leben erwachen und eine Infektionskrankheit auslösen können. Auch die gefürchteten Krankenhauskeime können Schläfer in diesem Sinne sein (Staphylococcus aureus).

Ein hygienisches Problem besonderer Art ist Mikroorganismen zugeschrieben. Sie sind der Beginn einer Nahrungskette, die sich mit Milben, Spinnen und Schaben fortsetzt und bis zu Nagetieren reicht. Bei hygienebewussten Personen ist die Nahrungskette des Ungeziefers besonders unerwünscht. In der Gesellschaft hat sich deshalb die Gewohnheit herausgebildet, Oberflächen, Textilien eingeschlossen, komplett zyklisch zu reinigen, um die Nahrungskette des Ungeziefers rechtzeitig zu unterbrechen.

6.3 Fundstellen pathogener Keime

6.3.1 Infizierte Quellen

Mikroorganismen sind zu klein, um sich selbst weiträumig fortbewegen zu können. Sie erreichen ihren nächsten Wirt durch direkten Kontakt zweier Menschen oder indirekt über Zwischenstationen – mit wiederholtem Umsteigen, um im Bild zu bleiben. Die Keime nutzen verschlungene, oft unerwartete Pfade und hinterlassen selbst keine sichtbaren Spuren. Das schürt die Angst vor Ansteckung. Als Erstes werden Keimträger betrachtet, die selbst infiziert sind (primäre Infektionsquellen).

Die Träger pathogener Keime, die beim Menschen Infektionskrankheiten auslösen, sind in Tab. 6.2 zusammengestellt.

An erster Stelle steht die infizierte Quelle Mensch. Es gibt Mikroorganismen, die neben dem Menschen auch Tiere als Nebenwirt besiedeln. Handelt es sich dabei um Wirbeltiere, nennt man die von diesen Tieren auf den Menschen übertragenen Infektionskrankheiten Zoonosen. So wird Tollwut durch den Biss infizierter Tiere übertragen. Viele Tierarten können den Virus in sich tragen, z. B. Wildtiere, Fledermäuse und auch Haustiere.

Tab. 6.2 Primäre (infizierte) Infektionsquellen – Die Träger sind erkrankt. (Nach Kayser et al. (2010, S. 47))

Träger	Erläuterung
Mensch	Tröpfcheninfektion, Schmierinfektion (auch fäkal), Austausch von Körperflüssigkeiten
Wirbeltier	Zoonosen. Keimübertragung vom Reservewirt (Haustiere, Wildtiere)
Insekten und Spinnentiere	Vektor-Übertragung. Insekten als Zwischenwirte
Mikroorganismen in der Umwelt	Fäkalien, Abwasser, Lebensmittel

Salmonellose geht von den Wirten Schwein, Rind oder Geflügel aus. Der Mensch wird durch Verzehr von Fleisch, Milch und Eiern infiziert. Gefürchtet sind Tiere, die sich mit Würmern infiziert haben. In ihrem Kot setzen sie die Eier von Parasiten frei.

Die zum Stamm der Gliedertiere gehörenden Insekten und Spinnentiere können auf zwei Arten Quelle von Infektionskrankheiten sein. Einmal sind sie als Mikroorganismus selbst der Infektionsauslöser. So bohrt die zu den Spinnentieren gehörende Krätzmilbe Gänge in die Haut des Menschen, um darin ihre Eier abzulegen. Viele Insekten hinterlassen nach der Blutmahlzeit Biss- und Stichwunden, die Hautreaktionen hervorrufen, z. B. die Bildung von Quaddeln. Bekannte Vertreter sind Läuse, Wanzen, Mücken und Flöhe. Schwerwiegende Infektionen rufen die Gliedertiere selbst nicht hervor.

Die Gefahrenlage ändert sich, wenn die Gliedertiere mit pathogenen Keimen infiziert sind. Sie nehmen pathogene Keime durch Biss oder Stich von infizierten Menschen oder Wirbeltieren auf und geben sie an andere Menschen weiter. In dieser Funktion werden sie Vektoren genannt, wörtlich übersetzt Träger. Bei vielen Zoonosen treten Gliedertiere als Vektoren auf: Der Rattenfloh überträgt die Pestbakterien vom Nagetier auf den Menschen oder die Schildzecke die Frühsommer-Meningoenzephalitis von Wildtieren.

Die Umwelt selbst beherbergt infektiöse Bakterien, die nicht durch Zoonose, d. h. von Tieren übertragen werden. Bekanntestes Beispiel sind Listerien, in nährstoffarmer Umgebung lebende Bakterien. Von hier aus gelangen sie auf Lebensmittel wie Rohmilchkäse oder Hackfleisch. Die wirksame Behandlung dieser Infektionskrankheit bereitet oft Probleme, da die Infektionsursache nicht selten zu spät erkannt wird.

6.3.2 Kontaminierte Quellen

In diese Gruppe gehören Träger von pathogenen Mikroorganismen, die selbst nicht Wirt sind. Die Träger sind nicht erkrankt. Die Fundstellen für solche zwischengelagerte Keime sind zahlreich (vgl. Tab. 6.3).

Hauptsächlich sind es die Hände, die durch Kontakt zu Trägern werden. Ihr unbewusster Zug zu den Schleimhäuten schließt die Übertragung ab. Schleimhäute sind die Einfallstore einer Kontakt- oder Schmierinfektion.

Auch gesunde Lebewesen treten als Verteiler von pathogenen Keimen auf. Sie nehmen die Keime an durchseuchten Orten auf und schleppen sie in die nähere Umgebung des Menschen ein. In dieser Weise pendeln Haustiere und Fliegen zwischen Infizierten und kontaminierten Quellen einerseits und gesunden Menschen anderseits hin und her.

Bestimmte Gegenstände und ihre Oberflächen werden leicht zu Drehscheiben für Keime aller Art. Unsere Hygienesensoren sollten Vorsicht signalisieren,

Tab. 6.3 Sekundäre (kontaminierte) Infektionsquellen – Der Träger selbst ist nicht erkrankt. (Nach Kayser et al. (2010, S. 7))

Kontaminierter Träger	Hauptgefahren
Mensch, Haustiere, Insekten	Berührung, Hände
Gegenstände und ihre Oberflächen	Griffe, Wäsche, Erde, Pflanzen
Lebensmittel und Trinkwasser	Verschlucken
Fluide (Strömende Medien)	Transportmittel mit hohem Verteilungspotenzial
Wasser: Oberflächenwasser, Abwasser	Aufnahme und Transport von Keimen
Luft	Tröpfcheninfektion, Sporentransport
Kot	Schmierinfektion

sobald sich unsere Hände diesen Orten nähern. Es geht um Oberflächen von Türen und Schränken, um Tür- und Haltegriffe, um Arbeitsflächen der Küche, um den Toilettenbereich sowie um Geldmünzen und -scheine. Fleisch und Milchprodukte sind besonders anfällig. In den Schnittritzen der zur Schonung der Messer verwendeten, vergleichsweise weichen Schneidebretter verbergen sich Keime hartnäckig. Von hier aus werden unverdorbene Lebensmittel kontaminiert. Infiziertes Geflügelfleisch füllt die Keimdepots wieder auf.

Dauerfeuchte Reinigungstücher sind natürliche Brutstätten für Mikroorganismen. Während eines Waschganges bei 90 °C werden die Tücher „desinfiziert", die Keime werden abgetötet. Wenn der Kontakt mit den kontaminierten Gegenständen nicht vermieden werden kann, müssen sie vorher gereinigt werden. Die Reinigung entfernt bis zu 75 % der Keime. Bei der Desinfektion werden über 99 % der Keime abgetötet (Wegemund 2013). Durchseuchte Gegenstände sind in regelmäßigen Zeitabständen zu ersetzen.

Der Fußboden ist bei dem Übertragungsmechanismus Hand/Mund bei Erwachsenen nicht direkt beteiligt. Wenn festes Schuhwerk getragen wird, unterbleibt direkter Körperkontakt mit dem Boden. Besucher betreten ein Krankenhaus über Sauberlaufmatten, sie streifen Schmutzpartikel von den Schuhen ab. Mit dem Reststaub an den Sohlen tritt der Besucher vor das Krankenbett. An den Pforten angebrachte Desinfektoren zeigen an, dass saubere Hände die wichtigste Barriere gegen Infektionen darstellen.

Die von den Keimen ausgehende Gefahr sollte auch nicht zu übersteigerter Hygiene verleiten. Die vereinzelt auf sonstigen Gegenständen haftenden pathogenen Mikroorganismen lösen bei Kontakt noch keine Infektion aus. Die Mindestanzahl hängt vom Erreger und dem Immunstatus des Menschen ab. Beim Milzbranderreger rechnet man ab 1000 Bakteriensporen mit dem Ausbruch der Krankheit. Überschießende Hygiene, wie z. B. die Desinfektion von Oberflächen im Haushalt, ist also nicht erforderlich (BfR 2000).

Die Belastung des Körpers unterhalb der Schwelle zur krankhaften Reaktion stärkt im Allgemeinen die Immunabwehr. Auf diese Barriere allein sollte man jedoch nicht bauen. Die Hotspots der Infektionsquellen dürfen nicht übersehen werden.

Die Fluide Luft und Wasser bieten sich für den Ferntransport von Mikroorganismen an. Die Erscheinungsformen sind verschieden. Bei der Luft denken wir an den berührungsfreien Transport. Das beim Niesen ausgestoßene Sekret eines Kranken ist kontaminiert, es droht eine Tröpfcheninfektion. Beim Öffnen von Mülltonnen steigen unzählige Pilzsporen in die Luft. Auch schlecht gewartete Klima- und Lüftungsanlagen können sich zu Keimschleudern entwickeln. Eingeatmeter Staub reizt auch ohne Beladung mit Keimen die Bronchien und wird so zum Wegbereiter für die Besiedlung mit Mikroorganismen.

Wasser verfügt über die Fähigkeit, kleinteiliges Material vom Boden abzulösen und in Schwebe zu bringen. Die Dynamik des Oberflächenwassers übernimmt den weiteren Transport. Es gefährdet Brunnen, Bäche und bei Hochwasser ganze Landstriche. Neben seiner fluiden Eigenschaft ist Wasser notwendiges Medium für das Wachstum von Bakterien und Pilzen.

Ein besonders tückischer Keimträger dieser Gruppe ist Kot. Mit ihm werden Krankheitskeime und Parasiteneier in die Umwelt entlassen. Die Kontrolle dieser Quelle hat die Menschheitsgeschichte stets begleitet.

6.4 Das Geheimnis der Römer

Die Römer nutzten bereits die hygienischen Vorzüge der zentralen Wasserversorgung. Sie übernahmen die Technik von den Griechen. Lange vor den Griechen haben schon die Minoer ihre Paläste auf Kreta damit ausgestattet. Die baulichen Überreste des 4000 Jahre alten Palastes von Knossos wurden freigelegt und können besichtigt werden, einschließlich der Wasseranlagen in den Privaträumen der damaligen Herrscher. Die Annehmlichkeiten einer zentralen Wasserversorgung und der damit verbundenen Schmutzwasserentsorgung gehörten schon damals zu den Statussymbolen der Mächtigen, die hygienischen Begleiteffekte eingeschlossen.

In Rom profitierten alle Bürger von der Frischwasserversorgung. Die Versorgung war reichlich, nur ein Bruchteil des ständigen Flusses wurde als Trinkwasser benötigt. Der große Rest spülte Abfälle und Fäkalien über Straßenrinnen aus der Stadt. Die Römer hatten den Nutzen sauberen Trinkwassers und des schnellen Abschwemmens der Fäkalien für ihre Gesundheit erkannt und investierten in die dafür notwendigen Einrichtungen. Täler überspannende Bauwerke für Frischwasser, die Aquädukte, prägten die Landschaft und zeugen noch heute von der hohen Kunst römischer Ingenieure. Ein mächtiger unterirdischer Kanal, die *cloaca maxima*, spülte Abwasser zum Tiber. In den über das Reich verteilten römischen Kastellen sorgten vergleichbare hygienische Einrichtungen für die Gesundheit und Einsatzbereitschaft der Soldaten. Dank der zentral ausgerichteten Staatsorganisation hatten die römischen Provinzstädte europaweit vergleichbare hygienische Standards. Wasserversorgung aus der Eifel und unterirdische Entsorgung von Abwasser und Fäkalien in den Rhein gehörte auch im damaligen Köln zum Standard.

Der Wasserbrauch der Römer lag mit 400 l am Tag dreimal höher als bei uns heute. Öffentliche Brunnen lieferten Tag und Nacht Frischwasser. Heute bereichern Brunnen als dekoratives Stadtmobiliar zentrale Plätze, nicht selten ohne sprudelndes Wasser. Nach Möglichkeit leiteten die Römer Grund- oder Quellwasser in die Stadt, von dem man wusste, dass es dem Oberflächenwasser hygienisch absolut überlegen war. Oberflächenwasser kann Schadstoffe aus verseuchtem Boden enthalten und zur Ausbreitung von Krankheiten beitragen. Es ist kaum vorstellbar, dass vornehme Viertel Roms mit Oberflächenwasser versorgt wurden. Die soziale Schere ging besonders bei der Ableitung der Fäkalien auf. In den ärmeren Wohnvierteln wurde Unrat in Straßenrinnen abgeschwemmt. Die Rinnen endeten in außerhalb der Stadtmauern gelegenen Sickergruben. Im Tempelbezirk und in den Vierteln vornehmer Bürger boten unterirdische Kanäle Schutz vor den üblen Gerüchen der Abwässer, die für die Übertragung von Krankheiten verantwortlich gemacht wurden. Die *cloaca maxima* ergoss sich weit entfernt von den Wohngebieten in den Tiber.

Die Sorge um Sauberkeit in den Straßen war Privatsache. Der Hausbesitzer musste seinen anteiligen Straßenabschnitt selbst reinigen. Diese Zuständigkeit wird bis heute, zumindest für die Bürgersteige, beibehalten. Auch auf dem Feld der Straßenhygiene konnten sich Bewohner wohlhabender Viertel höheren Standard leisten; der Zustrom von Arbeitskräften in die Stadt – z. T. handelte es sich um Sklaven – machte es möglich. Die lückenhaften Standards der Stadthygiene haben sicher zur geringeren Lebenserwartung der ärmeren Bevölkerung beigetragen.

Als Ganzes blieb die Stadt Rom nicht vor Seuchen verschont. Die genauen Übertragungswege lagen im Dunklen, üble Gerüche waren gefürchtet. Es gab schon die Vermutung, dass Kleinstlebewesen bei der Übertragung im Spiel sein könnten. Das Problem einer wissenschaftlich begründeten und sozialen Stadthygiene, die den Schutz vor Seuchen einschließt, sollte erst in der Neuzeit gelöst werden.

Die Pax Romana, der innere Frieden im Römischen Reich, war die Voraussetzung für den Bau und Unterhalt kilometerlanger Frischwasserleitungen im städtischen Umland und zentraler Entsorgungseinrichtungen, die weit außerhalb der Stadtmauern endeten. Die Römer führten Kriege an ihren Grenzen, im Innern des Weltreiches sorgten sie für Frieden. Die Pax Romana war eine

Voraussetzung für die Blüte und Anziehungskraft der römischen Kultur. Manche Städte im Reich kamen sogar ohne Stadtmauer aus.

6.5 Hygiene stagniert im Mittelalter

Der Zerfall des römischen Reiches bedeutete auch das Ende der Pax Romana. Die staatliche Zentralgewalt löste sich auf, das Land wurde unsicher. In Deutschland ragten die Städte wie Inseln aus einem rechtsarmen Land heraus. Die Städte verstanden sich als Großburgen, die auf äußere Angriffe vorbereitet sein mussten. Sie garantierten ihren Bürgern Unabhängigkeit und Schutz vor äußerer Gewalt sowie Rechtssicherheit innerhalb der Stadtmauern. Außerhalb der Stadt liegende Fernwasserleitungen verfielen, im Belagerungsfall konnten sie nicht verteidigt werden, an Neubau war nicht zu denken (Dirlmeier 1986).

Innerhalb der Stadtmauern bestimmte das Nebeneinander von Ziehbrunnen und Sickergruben der Bürger auf ihren eigenen Grundstücken die hygienischen Verhältnisse. Die Wartung dieser Einrichtungen oblag den Hausbesitzern. In wohlhabenden Stadtteilen gab es bereits örtliche Wasserleitungen, meist aus Holz, und Entsorgung der Fäkalien über Kanäle zum Fluss. In Nürnberg hat Stadtbaumeister Endres Tucher die hygienischen Gegebenheiten seiner Stadt am Ende des 15. Jhs. protokolliert. Nach seinen Aufzeichnungen drängten einflussreiche Bürger den Rat der Stadt, einen mit Steinplatten abgedeckten Kanal zur Pegnitz zum Abschwemmen der Fäkalien bauen zu lassen. Es gibt sichere Anzeichen, dass es solche Bestrebungen auch in anderen Städten gab, wie in Köln, Straßburg und Basel. Die Bürger waren für die Reinigung des vor ihrer Haustür liegenden Straßenstücks verantwortlich, was wegen der fremden Verursacher des Unrates oft nicht funktionierte. In den Straßenrinnen sammelte sich Müll, für den die Spülkraft des Regenwassers nicht ausreichte. Die Stadtverwaltungen fochten einen ständigen Kampf um saubere Straßen aus.

Die Trinkwasserhygiene beschränkte sich darauf, die Seile der Schöpfbrunnen jährlich zu erneuern und in größeren Zeitabständen den Brunnenboden zu fegen. Die Grubenleerung oblag den Hausbesitzern. Endres Tucher berichtet von vergessenen Gruben, die jahrelang nicht geräumt worden waren. In Nürnberg gab es die Zunft der Grubenräumer, Pappenheimer genannt, die auf die Gemeindeordnung verpflichtet war. Anfang des 16. Jhs. standen in Nürnberg neun Meister an der Spitze dieser Zunft. In Frankfurt wurden die Gruben von *heymelichkeit-fegere* gereinigt, in Köln waren die *mundatores latrinae* und in Basel die *Goldgrübler* dafür zuständig. Der Grubeninhalt galt als unverzichtbarer Dünger für die Felder der umliegenden Bauernhöfe.

Von den hygienischen Verbesserungen durch den vereinzelten Bau von Wasserleitungen und Kanälen profitierten die Bewohner wohlhabender Stadtviertel mehr als die der ärmeren. Die ständig wiederkehrenden Seuchen übersprangen aber solche Grenzen. Hinter dem hygienischen Problem versteckte sich ein soziales.

6.5.1 Seuchenzüge

Seuchen zogen über Europa hinweg und grassierten in allen Gesellschaftsschichten, wenn auch die wohlhabenden Viertel weniger betroffen waren. In allen Altersgruppen forderten sie Opfer und hinterließen in den Familien großes Leid; es war ein Krieg ohne Waffen, ohne Fronten. Beispiele des Seuchengeschehens in Europa sind in Tab. 6.4 zusammengestellt.

Im frühen Mittelalter herrschte über Jahrhunderte der Aussatz (Lepra), dessen Erreger erst in der Neuzeit entdeckt wurde (Mycobacterium leprae, 1873). Aussätzige wurden in eigens geschaffenen Orten isoliert mit minimaler Verbindung zur Normalbevölkerung. Der Lepraerreger ist mit dem der Tuberkulose verwandt und ähnlich hartnäckig. Die Isolierung Seuchenkranker war Standard und lebt in heutigen Isolierstationen der Krankenhäuser zur Eingrenzung von Seuchenherden fort (Keil 1986).

Den größten, bis heute anhaltenden Schrecken hat die Pest über die Menschheit gebracht. Die Ansteckungswege waren Objekt von Spekulationen und Schuldzuweisungen. Der den Pestkranken umgebende üble Geruch, das Miasma, wurde als ein Hauptverursacher der Seuche angesehen. Der Arzt näherte sich dem Kranken in Schutzkleidung und Handschuhen. Vor dem Gesicht trug er eine Schnabelmaske, eine Art Gasmaske mit Kräuter- und Flüssigkeitsfüllung. Der tatsächliche Übertragungsweg des Pestbakteriums von der Ratte über den Floh zum Menschen wurde erst 1898 aufgeklärt. Die Lungenpest wird auch von Mensch zu Mensch über Tröpfcheninfektion übertragen.

Städte an den Handelswegen waren von den Seuchen besonders betroffen, abgelegene Landstriche blieben oft verschont. Bei Seuchenausbruch flohen des-

Tab. 6.4 Seuchen in Europa

Krankheit	Erreger	Epidemisches Auftreten
Aussatz (Lepra)	Bakterium (ähnlich TBC)	4.–13. Jh.
Pest des Justinian	Bakterium	6. – 8. Jahrh.
Pest, schwarzer Tod	Bakterium	Über Jahrhunderte, Spitze Mitte 14. Jh.
Syphilis (Lues, Franzosenkrankheit)	Bakterium	Ende 15. Jh.
Englischer Schweiß	Virus	Anfang 16. Jh.
Cholera	Bakterium	Ende 19. Jh.
Pocken	Virus	Ende 19. Jh.
Spanische Grippe	Virus	Anfang 20. Jh.
AIDS	Virus	Ende 20. Jh.

Abb. 6.1 Albrecht Dürer, Der Syphilitische, Holzschnitt von 1496. (Nach wiki commons)

halb Bürger, die es sich leisten konnten, aus der Stadt. Endres Tuchers berühmter Zeitgenosse Albrecht Dürer hat die Pein der von Seuchen heimgesuchten Menschen dargestellt (vgl. Abb. 6.1). Sein Holzschnitt zeigt einen an Syphilis erkrankten Mann, dessen Körper mit offenen Wunden übersät ist (commons wiki 2015). Die Seuche brach 1484 in Nürnberg aus, auch Dürer war von der Krankheit betroffen. Der üble Geruch des Miasma rührt von Schwefelverbindungen her. Solche Dämpfe sind nicht gesund, aber nicht ansteckend.

6.6 Zuspitzung und Durchbruch im Industriezeitalter

Als das Industriezeitalter Mitte des 19. Jhs. seine größten Wachstumsraten erreichte, drängten ständig mehr Menschen in die Städte. Die Mietshäuser wuchsen auf dem teuren Baugrund in die Höhe und die hygienischen

Verhältnisse wurden schlechter. Das Nebeneinander von Brunnen und Kloaken löste wiederholt Cholera- und Typhusepidemien aus. Nicht nur Menschen drängten in die Stadt. Nach Erfindung der Dampfmaschine wurden die Fabriken unabhängig von der Wasserkraft und vom Land in die Stadt verlagert. Zu mangelhaften hygienischen Zuständen gesellte sich der Rauch der Fabrikfeuer, der nicht nur im industriell führenden England die Lebenszeit der Arbeiter drastisch verkürzte.

Mit dem schnellen Wachstum der Städte nahmen die zentralen Aufgaben der Stadtverwaltungen zu. Neubürger wurden zur Kasse gebeten. In Hamburg konnte Johannes Brahms' Vater, der Musiker Johann Jakob Brahms, die Einbürgerungskosten nicht aufbringen. Er musste als Musiker einige Jahre in ärmlichen Verhältnissen vor den Toren der Stadt zubringen, bis er genügend Geld angespart hatte, um sich die Bürgerschaft der Stadt leisten zu können. Nach seiner Einbürgerung bezog er eine im oberen Stockwerk gelegene bescheidene Mietwohnung ohne Wasseranschluss. Mit dem Rest des Einkommens finanzierte der Vater seinem begabten Sohn Johannes die musikalische Grundausbildung. Im Geburtsjahr von Johannes, 1833, wurde Hamburg von einer Choleraepidemie heimgesucht. Die Seuche nahm die Stadt offiziell nicht zur Kenntnis, um auslaufenden Schiffen keine Quarantäneprobleme in den Zielhäfen zu bereiten. Über die Ansteckungswege der Seuche tappten die Ärzte im Dunkeln.

6.6.1 Ursachenforschung

Unter den Ärzten entbrannte ein Wettlauf um die Aufklärung von Ursprung und Verbreitungsweg der Seuchen. Zwei Lager fochten mit unterschiedlichen Interessen gegeneinander. Für das erste Lager galten die aus Sickergruben und feuchten Senken aufsteigenden, übelriechenden Dämpfe als das Medium, das die Krankheiten auslöst. Dieser Dampf, das Miasma, so die Vorstellung, dringe in den Körper, z. B. in die Lunge, ein und entfalte dort seine unheilvolle Wirkung. Das andere, modernere Lager ordnet die Übertragung einer Ansteckung mit lebender Materie zu, einem *contagium vivum*. Besonders hinter dem ersten, konservativen Lager standen einflussreiche Interessengruppen. Jede Fraktion zweifelte an der Theorie der anderen.

Der Münchner Arzt Max von Pettenkofer hing der Miasmentheorie an. Er war gleichzeitig Arzt, Apotheker und insbesondere Chemiker. Wegen seiner Arbeiten auf dem Gebiet der Hygiene wurde er 1865 zum ersten ordentlichen Professor für Hygiene in Deutschland ernannt (Hardy 2005). Er wertete schriftliche Aufzeichnungen aus und leitete einen Zusammenhang zwischen defekten Sickergruben und Cholera ab. Die Erkenntnis führte zur Eingrenzung der Krankheitsursachen. Seine statistische Methode ist noch heute

Grundlage der Epidemiologie. Folgerichtig ließ Pettenkofer in München die Sickergruben abdichten und hatte damit spürbaren, aber in der Ausrottung der Seuchen keinen durchschlagenden Erfolg. Er war kein Biologe und es fehlte ihm die Einsicht, als Überträger der Cholera das mit Bakterien verseuchte Trinkwasser anzuerkennen. Es blieb deshalb in vielen Städten beim Nebeneinander von Brunnen und gut abgedichteten Sickergruben. Die verbesserten hygienischen Verhältnisse konnten die Seuchen nicht stoppen. Für Pettenkofer blieb der Bau eines Kanalsystems für die ganze Stadt München ein Randproblem, sodass die Stadt vorübergehend mit der allgemeinen Gesundheitslage in Rückstand geriet. Ein bleibendes Verdienst Pettenkofer auf dem Gebiet der Hygiene betrifft die Raumluft. Er erkannte Kohlendioxid als wichtigen Indikator für gesunde Atemluft und setzte den bis heute gültigen Grenzwert in der Raumluft auf < 1 Promille fest.

6.6.2 Entdeckung der Mikroorganismen

Die Entdeckung der Mikroorganismen als Auslöser der Seuchen ist besonders mit den Namen Robert Koch und Louis Pasteur verbunden. Koch interessierte die nicht sichtbare Welt lebender Materie, das *contagium vivum*. Er kaufte sich ein Mikroskop und machte Bakterien durch Einfärben sichtbar. Als erstes verfolgte er Milzbrandsporen und beobachtete die daraus wachsenden Stäbchenbakterien. In den Jahren 1882/1883 publizierte er seine entscheidenden Beiträge zu den Erregern von Cholera und Tuberkulose. Für die Entdeckung des Tuberkuloseerregers erhielt er 1905 den Nobelpreis für Medizin. Die Beiträge der Ärzte zur Verbesserung der Hygiene im Industriezeitalter zeigt Tab. 6.5.

Kochs Arbeiten lieferten die wissenschaftliche Begründung für den Bau zentraler Kanalnetze für Abwasser und Fäkalien in Deutschland. Die Entsorgung der Fäkalien durch Schwemmkanalisation hat ein leistungsfähiges

Tab. 6.5 Beitrag der Ärzte zur Hygiene im Industriezeitalter

Max von Pettenkofer	1818–1901	Arzt und Chemiker, Hygieniker	Ludwig-Maximilians- Universität München	Bekämpft Miasma durch Grubensanierung
Rudolf Virchow	1821–1902	Arzt und Sozialpolitiker	Charité Berlin und Abgeordneter	Setzt Schwemmkanalisation in Berlin durch
Robert Koch	1843–1910	Arzt und Mikrobiologe	Kaiserliches Gesundheitsamt Berlin	Klärt Seuchenausbreitung durch Mikroorganismen auf

Frischwassernetz zur Voraussetzung. Die neuen Erkenntnisse der Wissenschaftler überzeugten die politischen Entscheider in deutschen Großstädten nicht automatisch. Der Bau unterirdischer zentraler Kanalnetze war aufwendig und mit hohen Kosten verbunden, was den Widerstand der in den Stadträten dominierenden Grundbesitzer hervorrief. Sie unterstützten die Zweifler an der Ansteckungstheorie durch Mikroorganismen. Außerdem fürchtete man um den Verlust des aus den Gruben gewonnenen Düngers.

Es erforderte die wissenschaftliche Autorität von Robert Koch, den Infektionsweg Fäkalien/Trinkwasser/Cholera den politischen Entscheidern überzeugend darzustellen. Mit ihm kämpfte in Berlin der sozial und v. a. auch politisch engagierte Rudolf Virchow, Arzt und Hygieniker an der Charité Berlin, für den Bau zentraler Abwasserkanalsysteme nach dem Prinzip der Schwemmkanalisation. Die ursprünglich für Berlin vorgesehene Einleitung des Abwassers in die Spree wurde zugunsten der Verrieselung auf eigenen Feldern aufgegeben. Die Entscheidung für den Bau der zentralen Schwemmkanalisation in Berlin, in die auch vorhandene Teilstücke einbezogen werden sollten, fiel bereits im Jahr 1870. Die Befürworter der Sickergruben mussten unter dem Druck der neuen Erkenntnisse ihren Widerstand aufgeben. Die preußischen Stadtverordneten stimmten dem Kanalprojekt zu. Die künftige Kaiserstadt war aus Sicht der Stadthygiene für die Zukunft gerüstet.

Im Jahr 1892 waren die Arbeiten am Berliner Kanalnetz weitgehend abgeschlossen. In der Kaiserstadt Wien, damals noch nicht so ausgedehnt wie heute, gab es bereits 1739 ein umfassendes Kanalnetz mit entsprechend guten stadthygienischen Verhältnissen – ein wichtiger Baustein für die Anziehungskraft Wiens, die bis heute andauert. 2000 Jahre nach den Römern zogen die Europäer mit dem Bau von Kanalnetzen gleich, jetzt für die gesamte Bevölkerung. Stationen der Kanalisation in einigen europäischen Metropolen zeigt Tab. 6.6.

Nach dem Bau der zentralen Abwasserkanäle war es folgerichtig, dass auch die Müllentsorgung und die Straßenreinigung in städtische Verantwortung überging. Hindernisse durch hohe Investitionen wie bei der Kanalerrichtung gab es nicht.

Tab. 6.6 Kanalbau in europäischen Hauptstätten und Verbleib der Abwässer

1739	Wien (ohne Einge-meindungen)	Fertigstellung	Donau
1810	Paris	Beginn	Seine
1842	London	Beginn	Themse
1892	Berlin	Fertigstellung (Bau-entscheidung 1870)	Versickerung

6.6.3 Reinheitsideal

Mit dem technischen Fortschritt wuchs auch die bürgerliche Mittelschicht, die ihren Anteil an dem erarbeiteten Wohlstand mit Hingabe pflegte. Die Angst vor Seuchen warf einen Schatten auf die schöne Welt. Jeder Bürger konnte von ihr gepackt und aus dem Leben gerissen werden. Die Beobachtung zeigte, dass mehrere Merkmale den Schutz vor Ansteckung erhöhten: Reinlichkeit, gute Ernährung, gute Kleidung und Bildung – alles Merkmale, die sich im bürgerlichen Wohlstand vereinen. Diese Beobachtung geht auf den Frankfurter Arzt und Stadtverordneten G. Varrentrapp zurück, der darauf hinwies, dass seine als reich geltende Vaterstadt Frankfurt von den Choleraepidemien 1831/1832 und 1836/1837 verschont geblieben war. Die soziale Schieflage der Gesellschaft nährte die Vermutung, dass die Cholera eine durch Armut, Schmutz und Ausschweifung selbst verschuldete Krankheit sei (Hardy 2005).

Die im Geiste der Aufklärung lebende Gesellschaft zwischen 1750 und 1850 wollte ihr Schicksal selbst in die Hand nehmen. Als gesellschaftliche Normen galten Mäßigung und Reinlichkeit. Damit konnte man sich gleichermaßen gegenüber dem Adel und der Unterschicht abgrenzen. Die Angst vor Ansteckung beflügelte den Sauberkeitseifer. Im Deutschen Reich von 1882 reinigten knapp 1,3 Mio. Dienstmädchen die Wohnungen von Bürgern, die es sich leisten konnten (Blenke und Schuster 2005). Helle Wohnungen waren gefragt. Helligkeit erzeugt den Eindruck von Reinlichkeit; Staub und Schmutz sind leicht aufzuspüren. Die Gesellschaft erhob blanke Oberflächen zum Eigenwert. Hygiene wurde mit Sauberkeit gleichgesetzt und entwickelte sich zur Philosophie des Bürgertums. Dabei waren auch gedankliche Abwege zu beobachten, die sich bis zum Thema Reinheit der Rassen verliefen (Sarasin 2001).

Die persönliche Hygiene der Bürger hat stets auch die städtische Hygiene befördert und in Verordnungen der Städte ihren Niederschlag gefunden. Übergreifend folgte das Land mit eigenen Hygienegesetzen; heute nimmt sich die EU dieser Fragen für Europa an und beratend ist die Weltgesundheitsorganisation für alle Bürger der Erde aktiv.

6.6.4 Lebensmittelhygiene

Mit dem Kanalbau war eine Lösung für den Abtransport der Fäkalien gefunden. Es war an der Zeit, sich um Missstände bei der Versorgung mit Lebensmitteln zu kümmern, dem Anfang der Stoffwechselkette. Dazu wurde 1876 in Berlin das Kaiserliche Reichsgesundheitsamt, KGA, gegründet. Das neue Amt bereitete das erste Lebensmittelgesetz vor, das bereits 1879 verabschiedet werden konnte. In der ersten Ausführung zielte es darauf ab, ein hygienisch einwandfreies Angebot von Fleisch und Milch zu gewährleisten und Betrügereien mit gefälschter Ware zu unterbinden. Nachfolgeeinrichtungen des KGA sind die heutigen Gesundheitsämter und das Robert-Koch-Institut in Berlin, die staatliche Instanz für Gesundheitsüberwachung und Infektionsschutz. Der Mensch ist auf staatliche Hilfe angewiesen, wenn es um die hygienische Beurteilung der Verbrauchsgüter geht, die wir unserem Körper zuführen: Nahrungsmittel, Trinkwasser, Medikamente und Atemluft.

6.6.5 Bauhygiene

Mit der heutigen Bauordnung sorgt die Stadtverwaltung dafür, dass nur solche Wohnungen gebaut werden, in denen der Bürger die Voraussetzung für gesunde und sichere Lebensführung vorfindet, nämlich Trinkwasseranschluss mit Waschbecken, Wasserklosett in der Wohnung, ausreichend große Fenster für Lichteinfall und Luftaustausch sowie sichere Energieversorgung (OiB 2007). Eine bezugsfertige Wohnung braucht der Bürger nicht auf die bauhygienisch notwendigen Einrichtungen zu überprüfen, das hat vor ihm die Bauaufsicht erledigt.

Nach der Bauordnung muss ein Wohngebäude so aufgestellt sein, dass die Fenster genügend Licht und Luft auffangen können. Im Bauboom des Industriezeitalters hatten die Arbeiterwohnungen zu wenig Fensterfläche. In krassen Fällen öffneten sich die Fenster lediglich in andere Räume, bestenfalls ins Treppenhaus. Die erste Bauordnung für Berlin von 1853 regelte die Flächenzuweisung für die Bauherren, die aus Profitgründen auf dem teurem Grund eng und in die Höhe bauten. Allein die Feuerwehrzufahrt zu den Hinterhöfen musste gesichert sein. Da das Volumen des umbauten Wohnraums für die Bewohner vorgeschrieben war, schrumpften die Zimmer flächenmäßig, wuchsen dafür in die Höhe. So verschlechterte die erste Bauordnung die hygienischen Verhältnisse in den Arbeitersiedlungen. Auch nach einer neuen Verordnung von 1887, die auf bessere hygienische Wohnbedingungen abzielte, änderten sich die Verhältnisse wegen des Bestandsschutzes für die Hinterhäuser nur sehr langsam (Teuteberg und Wischermann 1985). Der Deutsche Verein für öffentliche Gesundheitspflege formulierte 1879 Mindestanforderungen für Logierheime der Arbeiter. Danach hatte jeder Bewohner Anspruch auf 4 m^2 Wohnfläche, 10 m^3 Wohnraum und 0,5 m^2 Fensterfläche. Der Bedarf für Logierheime besteht bis heute, z. B. für Leiharbeitnehmer, die im Rahmen von Werkverträgen tätig sind. Das Regelwerk schreibt nun für jeden Bewohner 8 m^2 Wohnfläche vor.

6.7 Aufstieg der Reinigungsbranche – Gesellschaftliche Stellung

Mit der rasanten Zunahme technischer Erfindungen und der Umsetzung in neue Produkte wuchs auch der Bedarf an Wartung und Pflege der hergestellten Güter. Ein Meilenstein war die Gründung des „Französischen Reinigungsinstituts" für gewerbliche Glasreinigung durch Marius Moussy in Berlin. Seine Dienste nutzten Geschäfte und Hotels auch deshalb, weil sie die hohe Wertschätzung der Bürger von blank geputzten Böden und spiegelnden Schaufensterscheiben kannten.

Heute sind Gebäude- und Textilreinigung die zwei großen, etablierten Wirtschaftszweige der Reinigungsbranche. Die Krankenhausreinigung gilt wegen der besonderen hygienischen Anforderungen als Königsdisziplin.

6.7.1 Ausbildung

Die Qualität einer Dienstleistung hängt von qualifiziertem Personal ab. Bei der Gebäudereinigung kommt erschwerend hinzu, dass die Arbeitsstelle ständig wechselt, ein auch im Baugewerbe systembedingter Umstand. Die Ausbildung zum Gebäudereiniger dauert drei Jahre. Darauf aufbauend kann sich der Geselle zum Meister weiterbilden. Als weiteren Karriereweg bietet die „Hochschule für angewandte Wissenschaften Niederrhein" seit 1995 den Studiengang „Reinigungs- und Hygienemanagement" im Fachbereich Wirtschaftsingenieurwesen an mit dem Abschluss Bachelor of Science. Nach zwei technisch-betriebswirtschaftlichen Grundsemestern folgen vier Fachsemester.

Der Studiengang Ökotrophologie wird an vielen Hochschulen gelehrt. Der Schwerpunkt liegt auf dem Gebiet der Ernährung, das Fach Reinigung hat unterstützende Funktion. Größeres Gewicht hat das Thema Reinigung beim Studiengang Facility Management (*facility* steht für „Liegenschaft"). Die Hochschule Albstadt-Sigmaringen bietet den Bachelor-Studiengang Facility Management an mit Weiterführung zum „Master of Facility Design and Management". Der Abschluss berechtigt zur Promotion. Einen umfassenden Überblick über die Studienmöglichkeiten auf diesem Fachgebiet gibt die Initiative „Facility Management – Die Möglichmacher"; in dieser Initiative haben sich zwölf in Deutschland führende Facility-Management-Unternehmen zusammengeschlossen (Facility Management 2015). Auf die ausgebildeten Fachleute warten viele Aufgaben: Mitwirkung beim Bau und Betrieb großer Gebäudekomplexe, Einsatz in großen Reinigungsbetrieben, Mitarbeit bei der Entwicklung neuer Werkstoffoberflächen, Reinigungsmittel und Maschinen.

Überall wollen wir gepflegt und hygienisch empfangen werden, auch auf Verkehrswegen und Plätzen. Der dafür erforderliche Aufwand für Reinigung und Pflege ist erheblich. Die Herstellung hygienischer Verhältnisse mit akzeptablem Aufwand ist eine Aufgabe des Facility Managements.

In der Gebäudereinigung beherrschen wenige große Unternehmen den Markt; nahezu alle Gewerbeimmobilien sind bei ihnen unter Vertrag. Hierfür arbeiten etwa 360.000 Vollzeitkräfte (Biv 2015). Die Zahl der Teilzeitkräfte wird wesentlich höher geschätzt, wenn man bedenkt, dass sich 4,5 Mio. Haushalte in Deutschland von einer Hilfe unterstützen lassen (Minijob-Zentrale 2011). Die Weitläufigkeit des Marktes führte dazu, dass 2004 der Meistervorbehalt für Gebäudereiniger entfallen ist.

6.7.2 Wege zur gesellschaftlichen Anerkennung

Bei der Beseitigung von Staub und Schmutz besteht die Gefahr der Selbstverschmutzung, ein den Hygienezielen gegenläufiger Vorgang. Die professionelle Reinigung vermeidet die Rückverschmutzung, am besten durch nicht schmutzende Geräte oder in zweiter Linie durch Tragen von Schutzkleidung. Beim Reinigen mit dem Staubsauger ist der Schmutz ständig unter Kontrolle, der Personenschutz ist ideal erfüllt. Staub wird von der Oberfläche aufgenommen und im Speicherbeutel eingesammelt, ohne dass der Mensch damit in Berührung kommt. Filmschauspielerin und Oscar-Gewinnerin Cate Blanchett bekennt in der Öffentlichkeit, dass ihr das *vacuuming*, Staubsaugen, Spaß macht; das Geräusch wirke beruhigend und das tägliche Saugen halte bodenständig (Chi 2009). Die Botschaft ist, dass Reinigungsarbeiten durchaus gesellschaftliche Anerkennung erfahren, wenn dafür technisch hochwertige Geräte zur Verfügung stehen, die leicht zu handhaben sind und dabei schick aussehen. Der Staubsauger kommt der Forderung sehr nahe.

Für haftenden Schmutz auf Textilien bietet die Waschmaschine einen dem Staubsauger vergleichbaren Standard: nicht rückverschmutzend, technisch ausgereift, ansprechend gestaltet. Vergleichbares Niveau finden wir auch beim Geschirrspüler. Der Unterschied dieser Geräte zum Staubsauger liegt in ihrer Ortsgebundenheit; das Gewicht spielt bei ihnen eine untergeordnete Rolle, sie haben einen festen Platz in der Wohnung. Für bewegliche Geräte sieht es schlechter aus. Der Staubsauger muss sich nach Gebrauch einen Platz im engen Putzschrank erkämpfen und ihn mit vielen anderen Utensilien teilen. Scheuersaugmaschinen sind wegen ihres hohen Gewichts und des höheren Vorbereitungsbedarfs in der Regel nicht in der Wohnung anzutreffen – unverzichtbar sind sie im gewerblichen Bereich. Sie reinigen Böden unter Einsatz von Wasser. Selbst kleine, handliche Maschinen wiegen meist über 30 kg. Auf dem Markt sind bereits Modelle, bei denen diese Technik in

Staubsaugermodelle integriert ist. Vor den Ingenieuren breitet sich ein weites Betätigungsfeld aus.

Auch die Reinigungsbranche bekennt sich zur Nachhaltigkeit (Wolf 2013; Lutz 2013). Nachhaltigkeit als Unternehmensziel bedeutet, dass drei Einzelziele harmonisiert werden müssen: das ökonomische, das ökologische und das soziale. Handlungen zur Erfüllung der Einzelziele müssen sich dem Urteil der Gesellschaft stellen. Bei jeder Maßnahme in einem Teilbereich müssen die Auswirkungen auf die beiden anderen bedacht und es muss ein Ausgleich herbeigeführt werden. Nachhaltiges Handeln stellt hohe Anforderungen an die Mitarbeiter.

Unternehmen, deren Mitglieder ihr Handeln an diesen drei Prinzipien ausrichten, brauchen sich um ihre gesellschaftliche Wertschätzung keine Sorgen zu machen. Eine solche Strategie stärkt auch das gesellschaftliche Ansehen der vielen Mitarbeiter vor Ort.

Literatur

BfR (2000) Antibakterielle Reinigungsmittel im Haushalt nicht erforderlich, Bundesinstitut für Risikobewertung, 17/2000

Biv (2015) Das Gebäudereiniger-Handwerk Zahlen, Daten, Fakten, Presseinformation. Bundesinnungsverband des Gebäudereiniger-Handwerks

Blenke P, Schuster U (2005), Götter Helden Heinzelmännchen. Ein Streifzug durch die Geschichte der Sauberkeit und Hygiene von der Antike bis zur Gegenwart, JungsVerlag, Limburg a. d. Lahn

Chi P (2009) Cate Blanchett: I love raising boys. 11/27/2009. Time Inc. Network: People

Dirlmeier U (1986) Zu den Lebensbedingungen in der Mittelalterlichen Stadt: Trinkwasserversorgung und Abfallbeseitigung. In: Herrmann B (Hrsg) Mensch und Umwelt im Mittelalter. Deutsche Verlags-Anstalt, Stuttgart, S 150–159

Facility Management (2015) „Die Möglichmacher". www.fm-die-moeglichmacher.de/karriere/studium

Hardy AI (2005) Ärzte, Ingenieure und städtische Gesundheit. Medizinische Theorien in der Hygienebewegung des 19. Jahrhunderts. Campus Verlag, Frankfurt

Kayser FH et al (2010) Medizinische Mikrobiologie, 12. Aufl. Thieme, Stuttgart

Keil G (1986) Seuchenzüge des Mittelalters. In: Herrmann B (Hrsg) Mensch und Umwelt im Mittelalter. Deutsche Verlags-Anstalt, Stuttgart, S 109–128

Lutz M (2013) Nachhaltiges Wirtschaften schont nicht nur die Umwelt. Reinigungsmarkt 8:74–75

Minijob-Zentrale (2011) Alltag statt Luxus: Wie sich die Rolle von Haushalthilfen verändert. Trendreport, September 2011. Deutsche Rentenversicherung Knappschaft-Bahn-See, Bochum

OiB (2007) Hygiene, Gesundheit, Umweltschutz, OiB-Richtlinie 3, Österreichisches Institut für Bautechnik, Wien

Teuteberg HJ, Wischermann C (1985) Wohnalltag in Deutschland 1850–1914. Produzent: Friedrich-Ebert-Stiftung, Bonn. Coppenrath, Münster

Sarasin P (2001) Reizbare Maschinen. Eine Geschichte des Körpers1765–1914. Suhrkamp, Frankfurt

Wegemund C (2013) Reinigung vs. Desinfektion oder beides? Reinigungsmarkt 9:48–49

wiki commons (2015) DürerSyphilis, commons wikimedia, https://commons.wikimedia.org

Wolf S (2013) Was wir wissen, sollten wir umsetzen. Reinigungsmarkt 6:52–55

Sachverzeichnis

Willkommen zu den Springer Alerts

- Unser Neuerscheinungs-Service für Sie:
  aktuell *** kostenlos *** passgenau *** flexibel

Springer veröffentlicht mehr als 5.500 wissenschaftliche Bücher jährlich in gedruckter Form. Mehr als 2.200 englischsprachige Zeitschriften und mehr als 120.000 eBooks und Referenzwerke sind auf unserer Online Plattform SpringerLink verfügbar. Seit seiner Gründung 1842 arbeitet Springer weltweit mit den hervorragendsten und anerkanntesten Wissenschaftlern zusammen, eine Partnerschaft, die auf Offenheit und gegenseitigem Vertrauen beruht.

Die SpringerAlerts sind der beste Weg, um über Neuentwicklungen im eigenen Fachgebiet auf dem Laufenden zu sein. Sie sind der/die Erste, der/die über neu erschienene Bücher informiert ist oder das Inhalts-verzeichnis des neuesten Zeitschriftenheftes erhält. Unser Service ist kostenlos, schnell und vor allem flexibel. Passen Sie die SpringerAlerts genau an Ihre Interessen und Ihren Bedarf an, um nur diejenigen Informa-tion zu erhalten, die Sie wirklich benötigen.

Mehr Infos unter: springer.com/alert

Printed in the United States
By Bookmasters